化学工业出版社"十四五"普通高等教育规划教材

基础化学实验

（第二版）

王小波　熊衍才　主编

化学工业出版社

·北京·

内容简介

本书分为三个部分，即与实验有关的基本知识和技能、实验内容、附录，共36个实验，在内容编排上，本书除了经典的基本化学实验外，还涉及医学、药学专业常开设的葡萄糖酸锌的制备、阿司匹林片剂中乙酰水杨酸含量的测定等实验内容。为方便学生和教师的使用，附录中给出了实验常需查用的资料。编者结合多年的实验教学经验，对教学内容进行整合和优化编写，突出了对学生动手能力、科学素养、创新思维等综合素质的培养。

本书可作为高等院校医学、药学、生物等专业及相近专业的基础化学实验教材，对相关专业从事化学实验工作的技术人员也有一定的参考价值。

图书在版编目（CIP）数据

基础化学实验 / 王小波，熊衍才主编. -- 2版. 北京：化学工业出版社，2025. 5. --（化学工业出版社"十四五"普通高等教育规划教材）. -- ISBN 978-7-122-47563-3

Ⅰ. O6-3

中国国家版本馆CIP数据核字第2025G7Z978号

责任编辑：李　琰　甘九林　　　　装帧设计：关　飞

责任校对：刘　一

出版发行：化学工业出版社（北京市东城区青年湖南街13号　邮政编码100011）

印　　装：北京云浩印刷有限责任公司

787mm×1092mm　1/16　印张9¼　字数221千字　2025年6月北京第2版第1次印刷

购书咨询：010-64518888　　　　售后服务：010-64518899

网　　址：http://www.cip.com.cn

凡购买本书，如有缺损质量问题，本社销售中心负责调换。

定　　价：28.00元

《基础化学实验》（第二版）
编写人员名单

主　　编： 王小波　熊衍才

副 主 编： 周学文　田亚洋　姚敦播

参　　编： 舒　婷　李向华　刘荣涛　周　亮　边　樱

前言

本书内容编排遵循“夯实基础-强化技能-提升创新”的进阶式培养路径。全书共包含三个知识模块：第 1 章基础知识，重点介绍化学实验室安全规范与基础操作，强化学生的安全意识和基本实验素养；第 2 章基础实验主要为无机化学和分析化学的经典实验项目，精选具有代表性的实验，注重经典方法与现代技术的结合；第 3 章综合性、设计性实验，精选与医学、药学密切相关的化学实验项目，引入学科交叉课题和绿色化学理念，提升医学、药学专业的跨学科思维和综合能力。

相比于第一版，本版增加了九个实验项目，分别为实验 24、25、27、28、29、30、34、35 和 36，并将实验项目部分细分为基础实验（第 2 章）和综合性、设计性实验（第 3 章）。实验 22 在前版基础上进行了较大改动，丰富了实验内容。

本书编写工作汇集了诸多老师的心血，编写分工如下：王小波（第 1 章，第 2 章实验 1、2、3、4、5、22，附录）；熊衍才（第 2 章实验 6、7、8、9、10、11）；周学文（第 3 章实验 27、28、29、30、31、32）；田亚洋（第 2 章实验 16、17、18、19、20、21）；姚敦璠（第 2 章实验 23、24、25、26）；舒婷（第 3 章实验 33、34）；李向华（第 2 章实验 35、36）；刘荣涛（第 2 章实验 12、13）；周亮（第 2 章实验 14）；边樱（第 2 章实验 15）。

然而，科学技术日新月异，医学、药学与化学的交叉融合也在不断发展，教材编写仓促之际难免存在不足之处。我衷心希望使用本教材的师生们能够提出宝贵的意见和建议，以便在后续修订中不断完善，使其更好地服务于医药院校开设的临床医学、药学（含临床药学）、药物制剂等专业的教学工作，为培养更多优秀的医药专业人才贡献力量。

编者

2025 年 2 月

第一版前言

基础化学实验是医学、药学、生物等非化学专业的重要基础课之一，通过本课程的学习，不仅可使学生掌握基础化学的基本操作技能，提高动手能力，而且能培养学生实事求是的科学态度，养成良好的实验习惯，同时也有助于加深对基础化学理论知识的理解和掌握。

随着现代化实验技术的不断发展，基础化学实验的教学内容、实验方法、实验手段在不断更新，而且随着学生呈现多元化，基础化学实验教学与原有的"基础化学"教学大纲的指导精神以及我校培养创新型人才的要求不相适应。编者结合多年的实验教学经验，对教学内容进行更新、整合和优化，本教材突出了对学生动手能力、科学素养、创新思维等综合素质的培养。

本书分为三个部分。第一部分介绍了与实验有关的基本知识和技能，包括实验规则、安全教育、常用仪器介绍、实验数据处理、测定仪器的基本原理和构造、正确的使用方法、操作要点等，突出强调操作的规范性；第二部分为实验内容，根据科学性、先进性和实用性的原则选编了比较成熟、基本技能训练效果比较好又切合课程基本要求的实验，供各校各专业根据自己的特点和条件灵活选用；第三部分为附录，为方便学生和教师的使用，附录中给出了实验常需查用的资料。

本书由熊衍才担任主编，周学文、舒婷、李向华、王小波担任副主编，参加编写的人员有：熊衍才（第1章，实验1、2，附录），周学文（实验3、8、11），舒婷（实验4、5、7），李向华（实验6、10、21），王小波（实验9、17），黄胜堂（实验12、20），胡春弟（实验13、25），艾友良（实验14、22），姚刚（实验15、16），金小红（实验18、24），章佳安（实验19、27），范宝磊（实验23、26）。

本书可作为高等院校医学、药学、生物等专业的基础化学实验课教材，也可以作为其他从事相关科研人员的参考用书。

由于编者水平有限，书中疏漏和不妥之处在所难免，恳请广大读者批评指正。

编者

2015年3月

目录

第1章 基础知识

1.1 实验规则

基础化学实验是医学、药学和生物等非化学专业的重要基础课之一，通过本课程的学习，不仅可使学生掌握基础化学的基本操作技能，提高动手能力，而且能培养学生实事求是的科学态度、养成良好的实验习惯，同时也有助于加深学生对基础化学理论知识的理解和掌握。

1.1.1 实验室守则

① 遵守学习纪律和规章制度。实验期间不得迟到、早退或借故外出，需遵从教师的指导。

② 实验过程中要保持安静，不得进行任何与实验无关的活动。

③ 爱护仪器设备，节约水、电、药品。凡损坏或丢失仪器，必须及时报告教师，按有关规定处理。

④ 本组的实验仪器和药品由本组使用，不得在别组挪用或调换，以免引起仪器管理混乱。

⑤ 实验过程中要仔细观察实验现象，如实记录。认真思考问题和分析问题，根据实验结果写出实验报告。

⑥ 随时保持实验工作台面的整洁。纸片、用过的火柴棒等废品应丢入废物缸（或桶）内，严禁扔入水槽或水池内，养成良好的实验工作习惯。

⑦ 实验完毕，应认真清洗仪器，整理好药品试剂，做好实验室的清洁。关好水、电、气、门、窗。

⑧ 严禁将实验室的任何物品带出实验室。

1.1.2 实验室安全守则

化学实验中的试剂中很多是易燃、易爆、有腐蚀性或有毒的，所用的仪器大部分是玻璃制品，如果使用不当，就有可能发生烧伤、割伤、中毒、着火、爆炸等事故。必须高度重视、敏锐洞察实验过程中的潜在危险，在实验前充分了解安全事项，在实验过程中遵守操作规程，并采取适当的预防措施，避免事故的发生。

1.1.2.1 实验事故的预防

(1) 着火的预防

① 水、电、气使用完毕后应立即关闭。使用酒精灯时，应随用随点，不用时盖上灯罩。不能用酒精灯直接点燃其他的酒精灯，避免酒精溢出而发生火灾。

② 取用易燃物质（如乙醇、乙醚、丙酮等）或进行涉及易燃、易挥发物质的实验时，应远离明火，并尽可能在通风橱中进行。

③ 钾、钠和白磷等暴露在空气中易燃烧，因此钾、钠应保存在煤油中，白磷应保存在水中，且取用时应用镊子夹取。

④ 易燃及易挥发物质不得倒入废物缸内，应按要求倒入指定的地方，由有关人员专门处理。

(2) 爆炸的预防

① 常压操作时，切勿在密闭系统内进行加热或反应，否则体系压力增加，从而导致爆炸。

② 强氧化剂（如氯酸钾）及其混合物（如氯酸钾与红磷、炭、硫等的混合物）不能研磨，否则易发生爆炸。

③ 氢气遇火易爆炸，操作时严禁接近烟火。银氨溶液不能长期保存，久置后也易爆炸。

④ 高压气体钢瓶的主要危险是可能引发爆炸和泄漏，因而必须严格按操作规程进行操作。钢瓶应存放在阴凉、干燥的地方，远离热源，最好能存放于单独的小屋中，通过导管将气体引入实验装置。高压气体钢瓶的种类可由其颜色加以辨认（见表 1-1）。

表 1-1 高压气体钢瓶的标示

气体名称	瓶体颜色	字样	字样颜色	色环颜色
氧	天蓝	氧	黑	—
氢	淡绿	氢	大红	大红
氮	黑	氮	白	棕
二氧化碳	铝白	液体二氧化碳	黑	黑
空气	黑	空气	白	—
硫化氢	白	液化硫化氢	大红	红
二氧化硫	银灰	液化二氧化硫	黑	—
天然气(液体)	棕	液化天然气	白	—
氩	银灰	氩	深绿	白

(3) 中毒的预防

① 切勿让化学试剂沾在皮肤上，尤其是剧毒的试剂。称量任何试剂都应使用药勺等工具，不得用手直接接触，特别注意防止毒品溅入口、眼、鼻等敏感部位或接触伤口。取用有腐蚀性的化学试剂时可戴橡皮手套和防护眼镜。实验完毕要及时、认真洗手。

② 实验室应通风良好，尽量避免吸入化学试剂的烟雾和蒸气。如需感受物质的气味时，

应用手轻拂气体，将少量气体拂向自己后再嗅。处理有毒或有腐蚀性、刺激性物质时，应在通风橱中进行，防止有毒气体在实验室内扩散。

③ 金属汞易挥发，人吸入后易引起慢性中毒。一旦把汞洒落在桌面或地面上时，应尽可能收集起来，并将硫黄粉覆盖在洒落的地方，使汞变成不挥发的硫化汞。液汞应保存在水中，不能将水银温度计当作玻璃棒使用。

④ 不得用口品尝任何化学试剂，严禁在实验室内喝水、吃东西。

⑤ 剧毒试剂应由专人负责，使用者必须遵守操作规程。含有毒试剂（如重铬酸钾、砷和汞的化合物、氰化物、镉盐和铅盐等）的废液不能随便倒入下水道，应统一回收后由专人处理。

(4) 玻璃割伤的预防

① 玻璃管（棒）切割后，断面应在火上烧熔以消除棱角。

② 将玻璃管（或温度计）插入橡皮管、橡皮塞或软木塞时，应先用水或甘油润湿玻璃管插入的一端，然后一手持橡皮管、橡皮塞或软木塞，一手捏着玻璃管，均匀用力将其逐渐插入。应当注意的是，插入或拔出玻璃管时，手指捏住玻璃管的位置与塞子（或橡皮管）的距离不可太远，一般为 2～3cm。插入弯形玻璃管时，不能把弯曲处当成旋柄来用力。正确方法如图 1-1 所示。

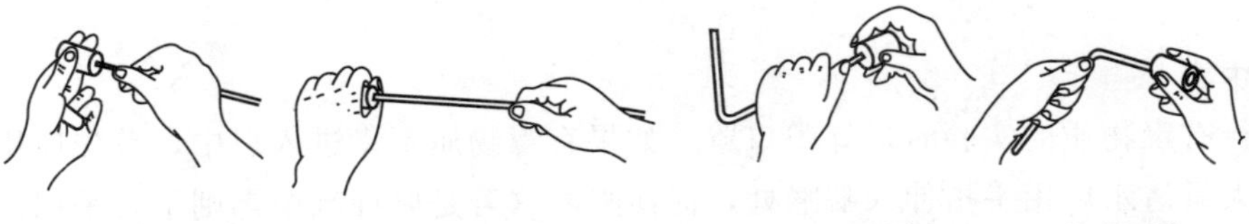

(a) 正确　(b) 不正确　(c) 正确　(d) 不正确

图 1-1　玻璃管（或温度计）插入橡皮管、橡皮塞的方法

1.1.2.2　实验事故的处理

(1) 着火

一旦发生着火事故，首先应立即关闭附近所有的火源，切断电源，迅速移去着火现场周围的易燃物质。用石棉布、干沙或适当的灭火器材灭火。常用灭火器的适用范围见表 1-2。有机溶剂着火时，在大多数情况下，严禁用水灭火，应用沙土覆盖。因为它们一般比水轻，燃着的液体会在水面上蔓延开来，使燃烧面积扩大。

如果实验者衣服着火，切勿惊慌乱跑，以免因空气的扰动而使火势扩大。可迅速脱下衣服或用石棉布、厚外套覆盖着火处，将火闷熄。情况危急时应就地卧倒打滚以免火焰烧向头部。

如果着火面积较大，在尽力扑救的同时及时向“119”报警。

表 1-2　实验常用灭火器及其适用范围

灭火器类型	成分	适用范围
酸碱式灭火器	H_2SO_4 和 $NaHCO_3$	非油类和非电器的一般初起火灾
泡沫灭火器	$Al_2(SO_4)_3$ 和 $NaHCO_3$	油类起火
二氧化碳灭火器	液态 CO_2	电气设备、小范围油类及忌水化学物品的失火
四氯化碳灭火器	液态 CCl_4	电气设备、小范围汽油、丙酮等的失火，不能用于活泼金属钾、钠及其氢化物的失火（否则会因强烈分解而发生爆炸）
干粉灭火器	$NaHCO_3$、硬脂酸镁、云母粉、滑石粉等	油类、可燃性气体、精密仪器和遇水易燃物品的初起火灾

(2) 烫伤

切忌用自来水冲洗。轻伤者可用 $KMnO_4$ 或苦味酸溶液涂于烫伤处，再擦上凡士林或烫伤膏（如万花油、氧化锌软膏等）；重伤者应涂以烫伤膏，之后立即送医院治疗。

(3) 化学灼伤

皮肤被酸或碱灼伤时，应立即用大量水冲洗。酸灼伤用 5%$NaHCO_3$ 溶液（或肥皂水）洗，碱灼伤则用 1%乙酸（或 5%硼酸）洗，然后用水冲洗；若是氢氟酸，则应在水冲洗后用稀 Na_2CO_3 溶液中和，然后浸泡在葡萄糖酸钙溶液中半小时，最后敷上特制药膏（成分为 20%$MgSO_4$、18%甘油、1.2%盐酸普鲁卡因、水），必要时应送医。

皮肤被溴灼伤时，伤处立即用石油醚或乙醇冲洗，然后用 2%$Na_2S_2O_3$ 溶液清洗，最后用蘸有甘油的脱脂棉擦干并敷上烫伤膏。

眼睛被试剂灼伤时，应立即用大量水冲洗，快速送往医院治疗，不允许用其他试剂进行中和处理。

(4) 玻璃割伤

一般轻伤，应立即挤出污血，用消毒过的镊子取出玻璃碎片，以干净水洗净伤口，涂上碘酒，再用绷带包扎。如果伤口较大，应立即用绷带扎紧伤口上部进行止血，然后送医院治疗。

(5) 中毒

在进行有毒物质的实验时最好戴口罩。如果有毒物质不幸进入口中，首先应用大量水漱口，饮用大量清水后用手指伸入咽喉处，促使呕吐（若是腐蚀剂中毒则不宜采用此法，可服用牛奶、蛋清或植物油等），然后立即送医院治疗。

吸入 Br_2 蒸气或 Cl_2 蒸气时，可通过吸入少量乙醇和乙醚的混合蒸气以解毒。吸入 H_2S 气体而感到头晕时，应到室外呼吸新鲜空气，必要时尽快送医院治疗。

(6) 触电

遇到触电事件发生，首先要拉开电闸以切断电源，并尽快用绝缘物（干燥的木棒、竹竿等）将触电者与电源隔离，必要时再进行人工呼吸并迅速送医院救治。

1.1.2.3 实验室三废处理

化学实验室的“三废”即废气、废液和废渣，若排放到空气或下水道中，将对环境造成污染，威胁人们的健康。如 Cl_2、SO_2 等气体对人的呼吸道有强烈的刺激作用，对植物也有伤害作用；As、Pb、Hg 等的化合物进入人体后，不易分解和排出，长期积累会引起胃痛、皮下出血、肾功能损伤等；氯仿、CCl_4 等能致肝癌；多环芳烃能致皮肤病和膀胱癌。因此，要治理这些环境污染，从根本上来讲，必须实现化学实验教学的环保化。目前，一方面要大力推广微型实验，从节约试剂、减少污染物的产生方面入手；另一方面，必须对实验过程中产生的有毒、有害物质进行必要的分类和无害化处理。

(1) 常用的废气处理方法

① 溶液吸收法　溶液吸收法是用适当的液体吸收剂处理气体混合物，从而除去其中的有害气体的方法。常用的液体吸收剂有水、碱性溶液、酸性溶液、氧化剂溶液和有机溶液，它们可用于净化含有 Cl_2、HCl、HF、NH_3、SO_2、NO_x、酸雾和各种有机物蒸气等的废气。

② 固体吸收法　固体吸收法是使废气与固体吸收剂接触，废气中的污染物吸附在吸收

剂表面从而被分离出来的方法。常用的固体吸收剂有活性炭、活性氧化铝、硅胶和分子筛等。

(2) 常用的废液处理方法

① 中和法　对于酸含量小于3%～5%的酸性废水或碱含量小于1%～3%的碱性废水，常采用中和法进行处理。

② 化学沉淀法　在废水中加入某种化学试剂，使其与废水中的污染物发生化学反应，生成沉淀而被分离，如氢氧化物沉淀法和硫化物沉淀法等。该法适用于除去废水中的重金属离子、碱土金属离子及某些非金属等。

③ 氧化还原法　水中溶解的有害无机物或有机物，可通过化学反应将其氧化或还原，转化成无害的新物质或易从水中分离除去的形态。常用的有漂白粉、$FeSO_4$、Na_2SO_3、铁屑、锌粒等。

此外，还有吸附法、萃取法、离子交换法、电化学净化法等。处理过程中产生的废液，可经蒸馏、分馏后分类回收，循环使用。

(3) 常用的废渣处理方法

对于有机溶剂废渣，主要采用掩埋法。有毒废渣必须先进行化学处理后深埋在远离居民区的指定地点。

1.1.3 预习、实验及报告

1.1.3.1 实验前的预习

预习是做好实验的前提和保证。为了避免盲目性，获得良好的实验效果，在进行实验之前必须认真阅读实验教材，并要做到以下几点：

① 明确实验的目的和要求，了解实验方法；

② 熟悉实验原理，了解实验步骤，认真阅读操作技术和有关仪器的使用方法；

③ 了解实验注意事项，并且写出预习报告。预习报告是进行实验的依据，它应包括简要的实验步骤、操作要点、实验记录表和实验中应该注意的事项。

1.1.3.2 实验

实验是培养学生实验操作能力、观察思维能力、分析实际问题和解决实际问题的能力以及培养其严谨的科学态度、良好的科学素质的重要环节，学生必须严肃、认真、独立地完成所要求的全部实验内容。

① 实验时要严格遵守实验规则，注意实验安全，服从教师的指导。

② 按预习中所拟定的实验步骤，严格控制实验条件，认真独立操作，仔细观察现象，边实验、边思考、边记录。

③ 现象和数据（按有效数字）需如实准确地记录在预习报告中，不得随意涂改。

④ 注意分析实验中出现的各种问题，遇到疑难问题或异常现象应及时请教教师。

⑤ 注意学习和掌握实验基本操作和有关仪器的使用方法。

1.1.3.3 实验报告

实验报告是实验的总结，它反映了学生的实验结果，所以必须独立认真完成。实验报告应简明扼要、书写规范、结果真实、结论明确。

实验报告的基本内容如下所示。

① 实验名称。
② 实验目的。
③ 实验原理。
④ 主要仪器及试剂（包括试剂的规格）。
⑤ 实验步骤。
⑥ 实验现象、实验数据的记录及处理结果。
⑦ 思考与讨论。

1.2 基本操作

1.2.1 常用仪器简介（表 1-3，图 1-2）

表 1-3 常用实验仪器

名称	规格	用途	注意事项
试管	外径(mm)×管长(mm)：有 10×100、15×150 两种型号	用作反应容器和收集少量气体的容器	可直接加热至高温，但加热后不能骤冷
离心试管	容量(mL)：有 5、10 等多种型号	用于沉淀分离	不可直接在火上加热
试管架	分木质、铝质和有机玻璃质，有不同的形状、大小	放置试管	
试管夹	分木质和铁质	加热时夹持试管	
毛刷	分长、短、粗、细	洗刷玻璃仪器用	小心刷子顶端的铁丝戳破玻璃仪器
烧杯	容量(mL)：有 50、100、250、500 等型号	作反应容器和配制溶液用容器	加热时应放在石棉网上，注意不要烧干
量筒	容量(mL)：有 5、10、25、50、100 等型号	量取一定体积的液体	不可量热溶液，不作反应容器
滴瓶 细口瓶 广口瓶	容量(mL)：有 15、30 等型号，分棕色、无色两种	滴瓶盛放少量液体试剂；细口瓶盛放液体试剂；广口瓶盛放固体试剂；棕色瓶盛放见光易分解的试剂	使用滴瓶时，滴管吸液不能太满，也不能倒置，盛放碱液时应改用胶塞，以免瓶塞腐蚀粘牢
滴管	分短管、长管	吸取或滴加少量试剂；吸取沉淀上层清液以分离沉淀	滴加试剂时，滴管应保持垂直，切忌倒置；管尖不可接触容器内壁
药勺	分牛角质、塑料质、不锈钢质	取用固体试剂	必须保持干净，且不能取灼热药品
称量瓶	容量(mL)： 高型有 10、20、25 等型号 扁型有 5、10、15、30	高型用于准确称取一定量固体试剂；扁型用作测定水分或在烘箱中烘干基准物	瓶和盖必须配套使用，不能弄乱；烘烤时，不可盖紧磨口塞

续表

名称	规格	用途	注意事项
锥形瓶	容量(mL):有 50、200、250 等型号	作反应容器,常用于滴定操作	不可直接在火上加热
洗瓶	塑料质,规格以容量(mL)表示,有 250、500 两种型号	装蒸馏水或去离子水,用于洗涤沉淀或容器;滴定分析中,吹洗锥形瓶内壁	装蒸馏水时,瓶盖不能乱放
表面皿	直径(mm):有 45、60 等型号	盖在烧杯或蒸发皿上	不能用火直接加热
蒸发皿	上口直径(mm):有 30、40、50、60、80、95 等型号 容量(mL):有 100、125 两种型号	蒸发液体	能耐高温,但加热后不能骤冷
石棉网	用铁丝编成,中间涂有石棉,有大小之分	当加热仪器不能用火直接加热时使用,使受热均匀	不能与水接触,不可卷折
研钵	有瓷、玻璃、玛瑙等质地,以口径大小表示规格	研磨固体或混合固体物质	不作反应容器,只能研磨、不能捣碎
三脚架	铁质,有大小、高低之分	放置加热容器	
泥三角	用铁丝弯成,套有瓷管,有大小之分	放置灼热坩埚	铁丝断裂的不能用
铁夹 铁环 铁架		固定、放置反应容器;铁环可代替漏斗架	防止铁锈落入容器中
漏斗	直径(mm):有 30、40、60、100 等型号,分长颈、短颈	长颈用于定量分析、过滤沉淀,短颈作一般过滤和倾注液体	过滤时,漏斗颈尖端必须紧靠承接滤液的容器内壁
点滴板	瓷质,有黑釉、白釉两种	用于点滴反应	白色沉淀用黑色板,有色沉淀用白色板
干燥器	以外径(mm)大小表示,分普通和真空两种	内放干燥剂,保持物品干燥	防止盖子滑落而打碎;热的物品待稍冷后再放入
抽滤瓶	容量(mL):有 500、1000 等型号	减压过滤用	
布氏漏斗	直径(mm):有 50、100、200 多种型号	减压过滤用	滤纸要略小于漏斗的内径
水泵		减压	先开水泵后过滤,过滤完毕,应先断开水泵与吸滤瓶连接处,后关水泵

1.2.2 常用玻璃仪器的洗涤与干燥

1.2.2.1 洗涤

玻璃仪器是否干净，直接影响着实验结果的准确性，所以必须洗涤干净。

洗涤仪器的方法很多，主要根据实验的要求、污物的性质和沾污的程度来选用。附在仪

试管架
滴瓶
细口瓶
广口瓶
药勺
称量瓶
三脚架
布氏漏斗
抽滤瓶
点滴板
干燥器
烧杯
坩埚
蒸发皿
表面皿
锥形瓶
圆底烧瓶
长颈漏斗
吸滤瓶
量筒
试管
滴管
洗瓶
泥三角
弹簧夹
坩埚钳
试管夹
石棉网

图 1-2　实验室常用仪器

器上的污物，一般为尘土和其他不溶物质、可溶性物质、油污和其他有机物。针对这些情况，可分别采用下列洗涤方法。

(1) 水刷洗

借助毛刷用水刷洗，可除去仪器上的灰尘、可溶性物质和其他不溶性物质。刷洗时应注意，不能用力过猛，或用秃顶的毛刷刷洗，否则会戳破仪器。此法不能洗去油污和有机物。

(2) 去污粉、肥皂或合成洗涤剂刷洗

首先将要洗的仪器用水湿润，然后在湿润的仪器中撒上少许去污粉或合成洗涤剂，再用毛刷刷洗，洗后用自来水冲去仪器内、外的去污粉或洗涤剂，最后用少量蒸馏水冲洗 3 次，以洗去自来水中带来的钙、镁、铁、氯等离子。若油垢和有机物仍洗不干净，可再用热碱洗液洗。因摩擦有损于玻璃，所以对于有刻度的仪器，如容量瓶、移液管、吸量管、滴定管等，不可用此法来刷洗。

(3) 铬酸洗液洗涤

进行精确的定量实验时，会遇到一些小的、管细的仪器很难用前述方法刷洗，必须用铬酸洗液洗。洗涤时，尽量去掉仪器内的水，加入少量洗液，使仪器倾斜并慢慢转动，让洗液全部润湿内壁。洗液在仪器内壁流动几次后再将洗液倒回原瓶，然后用自来水将仪器上残留的洗液冲洗干净，最后用少量蒸馏水冲洗 3 次。洗液可反复使用，直至溶液变为绿色为止。

铬酸洗液配制方法：在台秤上称取研细的重铬酸钾（又称红矾钾）5g 置于 250mL 烧杯内，加水 20mL，加热使其溶解，冷却后，再慢慢加入 80mL 浓硫酸（边加边搅拌!），配好的洗液为深褐色，贮于磨口塞瓶中，密塞备用，且要防止被水稀释。

1.2.2.2 干燥

洗净的仪器如需干燥，可以采取以下方法。

① 晾干

不急用的仪器，可将洗净后的仪器倒置在干净的实验柜内或仪器架上，任其自然晾干。

② 烘干

洗净的仪器可放在电烘箱内烘干，温度控制在 105℃左右。烘前应尽量把水倒干，玻璃塞应从仪器上取下来放在一旁烘，以免烘干后卡住而不易取下。

③ 烤干

烧杯、蒸发皿可以放在石棉网上用小火烤干；试管可直接在酒精灯的火焰上烤干，但试管口应稍向下倾斜，从底部烤起，无水珠时再把试管口向上，以便把水汽赶尽。

④ 吹干

急需干燥的仪器或不能用烘干方法干燥的仪器可以吹干。方法是先倒出水分，再用电吹风吹干，先用冷风吹 1～2min，再用热风吹至干燥，最后再用冷风吹干。

1.2.3 干燥器的使用

普通干燥器结构如图 1-3 所示。上面是一个磨口边的盖子（边上涂有凡士林或真空脂）；器内的底部放有无水氯化钙、变色硅胶、浓硫酸等干燥剂；干燥剂的上面放一个带孔的圆形瓷盘，以存放需干燥或保持干燥的物品。

干燥器是保持物品干燥的仪器，所有已干燥但又易吸水或需长时间保持干燥的固体都应放在干燥器内保存。

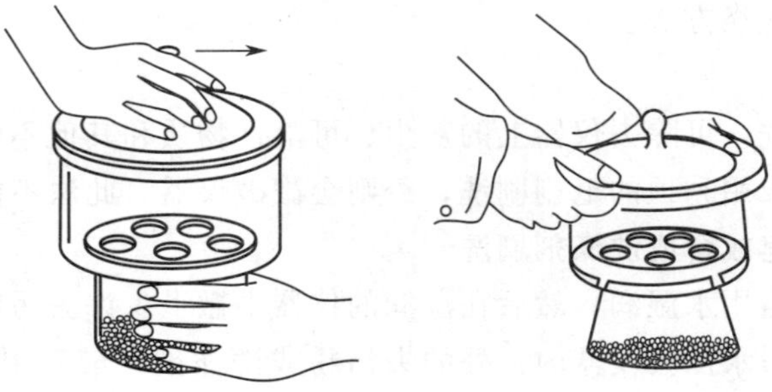

(a) 开启　　(b) 搬动

图 1-3　普通干燥器及其使用

打开干燥器时，不应把盖子往上提，而应将一只手扶住干燥器，另一只手从相对的水平方向小心移动盖子，如图 1-3(a)，将盖子斜靠在干燥器旁，谨防滑动而打碎。取出物品后，按同样方法盖严，使盖子磨口边与干燥器吻合。搬动干燥器时，必须用两手的大拇指按住盖子，如图 1-3(b)，以防滑落而打碎。

长期存放物品或在冬天，干燥器可能因磨口上的凡士林凝固而难以打开，可以用热的湿毛巾捂热一下或用电吹风热风吹干燥器的边缘，使凡士林熔化后再打开盖。

1.2.4　试剂及其取用

1.2.4.1　化学试剂的规格

关于化学试剂规格的划分，各国不一致。我国常用试剂等级的划分参阅表 1-4。

表 1-4　常用试剂等级划分表

国家标准	优级纯(保证试剂)GR	分析纯 AR	化学纯 CP	实验试剂 LR
等级	一级品(Ⅰ)	二级品(Ⅱ)	三级品(Ⅲ)	四级品(Ⅳ)
标志	绿色标签	红色标签	蓝色标签	黄色标签
用途	精密的分析工作和科研工作	一般的分析工作和科研工作	厂矿的日常控制分析和教学实验	实验中的辅助和制备原料

除上述 4 个等级外，还根据特殊需要而定出相应的纯度规格，如供光谱分析用的光谱纯，供核试验及其分析用的核纯等。

对于不同的试剂，各种规格要求的标准不同。但总的来说，优级纯试剂杂质含量最低，实验试剂杂质含量较高。应根据实际实验的需要，选用适当等级的试剂，既满足实验要求，又符合节约原则。

1.2.4.2　试剂的取用

(1) 固体试剂的取用

要用清洁、干燥的药勺取用。药勺最好专勺专用，否则必须擦拭干净后方可取另一种药品；多取的药品不能倒回原瓶，可放在指定的容器中供他人使用。一般的固体试剂可放在干燥的纸上称量，具有腐蚀性或易潮解的固体应放在表面皿或玻璃容器内称量，固体颗粒较大时，可在清洁干燥的研钵中研碎；有毒药品要在教师指导下取用；往试管中加入固体试剂时，应用药勺或干净的对折纸片装上后伸进试管约 2/3 处再直立试管；加入块状固体时，应将试管倾斜，使其沿管壁滑下，以免碰破管底。

(2) 液体试剂的取用

① 从试剂瓶中取出液体试剂，用倾注法。取下瓶盖仰放于桌面，手握住试剂瓶上贴标签的一面，倾斜瓶子，让试剂慢慢倒出，沿着洁净的试管壁流入试管或沿洁净的玻璃棒注入烧杯中，如图 1-4 所示。然后将试剂瓶边缘在容器壁上靠一下，再加盖放回原处。

② 从滴瓶中取用液体试剂，要用滴瓶中的滴管。使用时，提出滴管，使管口离开液面，用手指紧捏滴管上部的乳胶头，赶出空气，然后伸入滴瓶中，放开手指，吸入试剂；若用滴管从试剂瓶中取少量试剂，则需用附置于试剂瓶旁的专用滴管取用。将试剂滴入试管中时，必须将它悬空地放在靠近试管口的上方，然后挤捏乳胶头，使试剂滴入管中，如图 1-5。不得将滴管伸入试管中。

③ 定量取用液体试剂时，用量筒或移液管。多取的试剂不能倒回原瓶。

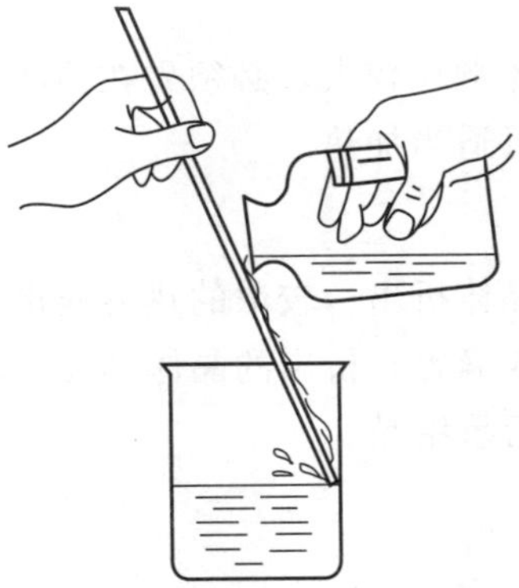

图 1-4 从试剂瓶中取液体试剂

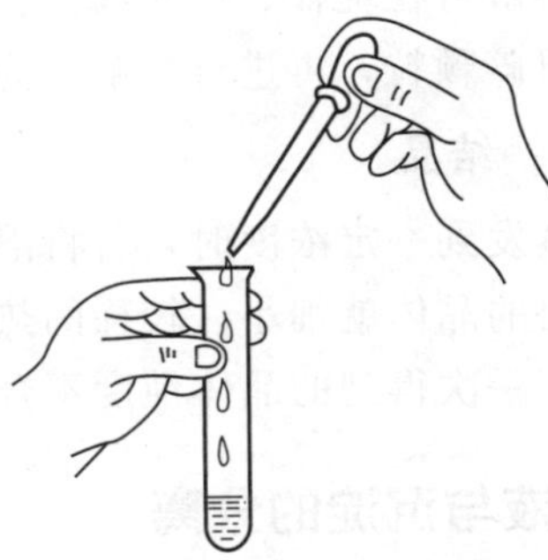

图 1-5 用滴管取用试剂及加入试管中

1.2.5 加热

1.2.5.1 常用加热仪器

(1) 酒精灯

酒精灯一般是玻璃制的。由灯帽、灯芯、灯壶三部分组成。其灯焰温度通常可达 400～500℃，外焰最高，内焰次之，焰心最低。酒精灯用于加热温度不需太高的实验。点燃时，切勿用已点燃的酒精灯直接点火；添加酒精时，必须将火焰熄灭，且加入的量不能超过灯壶容量的 2/3，熄灭酒精灯时必须用灯罩罩熄，切勿用嘴去吹。

(2) 电炉

电炉是一种用电热丝将电能转化为热能的装置。其温度高低可通过调节电阻来控制。使用时，容器和电炉之间要隔一层石棉网，使之受热均匀。

(3) 电热恒温水浴锅

电热恒温水浴锅有两孔、四孔、六孔等不同规格。水浴锅恒温范围为 37～100℃，电源电压为 220V，用于蒸发和恒温加热。使用时，切记水位一定不得低于电热管，否则将烧坏电热管。注意防潮，且随时检查水浴锅是否有渗漏现象。

1.2.5.2 几种加热方法

(1) 直接加热

在较高温下不分解的溶液或纯液体可装在烧杯、烧瓶中放在石棉网上直接加热。

(2) 水浴加热

当被加热物要求受热均匀，而温度又不能超过 100℃时，用水浴加热。加热温度在 90℃以下时，可将装有试剂的容器部分浸在水浴中。

(3) 蒸汽浴加热

利用水蒸气加热，温度可达 100℃，但提供的热量超过 100℃的水浴提供的热量。

(4) 油浴、沙浴加热

若需加热在 100℃以上至 250℃以下的温度，可用油浴；若需加热到更高温度，可用沙浴。

1.2.6 溶解与结晶

1.2.6.1 固体的溶解

物质的溶解可在烧杯、烧瓶或试管中进行。若固体颗粒较大，必须先在洁净、干燥的研钵中，小心研碎颗粒，再进行溶解。为了加速溶解，可适当加热。

1.2.6.2 结晶

当溶液蒸发到一定浓度时，若将溶液冷却，则有晶体析出。较浓的热溶液迅速冷却或加以搅动，析出的晶体就细小。较稀的热溶液慢慢冷却或静置，析出的晶体颗粒就较大，但纯度不高。当第一次得到的晶体纯度不合要求时，可进行重结晶。

1.2.7 溶液与沉淀的分离

溶液与沉淀的分离方法有 3 种：倾滗法、过滤法、离心分离法。

1.2.7.1 倾滗法

当沉淀的相对密度较大或结晶颗粒较大，静置后能较快沉降至容器底部时，就可用倾滗法（也称倾析法）进行沉淀的分离或洗涤。方法是把沉淀上部的清液沿玻璃棒小心倾入另一容器内，如图 1-6 所示，然后往盛沉淀的容器内加入少量洗涤剂，进行充分搅拌后，让沉淀下沉，倾去洗涤剂。重复操作 3 次即可将沉淀洗净。

图 1-6　倾滗法

1.2.7.2 过滤法

常用的过滤法有下列几种。

(1) 常压过滤

先把一圆形或方形滤纸对折两次成扇形，如图 1-7 所示。使之与漏斗密合，若不密合，应适当改变滤纸折成的角度，然后用少量蒸馏水润湿滤纸。采取倾滗法，先将上层清液小心沿玻璃棒靠在滤纸层多的一边慢慢倒入漏斗内（不超过滤纸的 2/3）。转移完后，用少量洗涤剂洗沉淀且充分搅拌、沉降。如此反复 3 次以上，把沉淀转入滤纸上，最后再把盛沉淀的容器洗 3 次，每次洗涤液均转移到漏斗中去。为提高洗涤效率，应采取少量多次的原则。

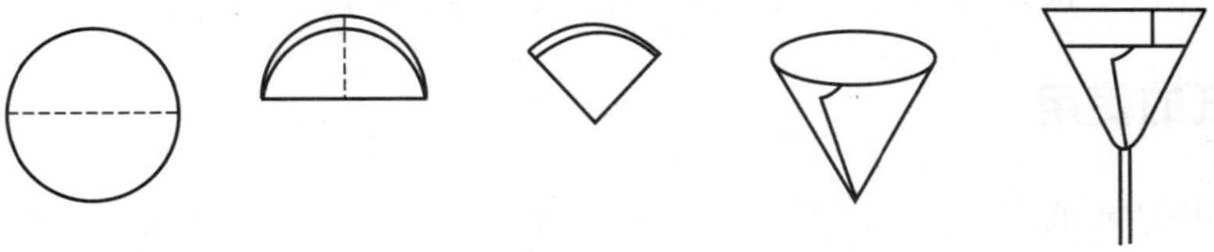

图 1-7　滤纸的折叠

(2) 减压过滤（抽吸或抽气过滤）

减压过滤装置是由抽滤瓶、布氏漏斗、安全瓶和抽气泵（水泵）4 个部分组成，如图 1-8 所示。布氏漏斗是带有许多小孔的瓷漏斗，要安装在橡皮塞上，橡皮塞塞进吸滤瓶的部分一般不超过橡皮塞高度的 1/2；安全瓶安装在抽滤瓶和水泵之间，目的是防止水泵产生倒吸时溢液被吸入抽滤瓶中，其长管接水泵，短管接抽滤瓶；布氏漏斗的颈口与抽滤瓶的支管相对，便于吸滤。过滤时，先稍开水泵装置，使滤纸紧贴漏斗上，然后采取倾滗法将溶液转入漏斗中，再将沉淀转移到滤纸中间，每次加入量不超过漏斗容量的 2/3，开大抽空量抽吸，并用玻璃棒将沉淀铺平，继续抽吸至比较干燥；洗涤沉淀时，应先拔掉与抽滤瓶相连的橡皮管，然后停止水泵，加入洗涤剂，接上减压装置，先稍开，最后大开，尽量吸干。重复操作，直至符合要求。抽滤完毕后，一定要先拔掉抽滤瓶支管上的橡皮管，再关水泵。

(3) 热过滤

如果溶液中的溶质在温度下降时容易析出晶体而又不希望这些溶质留在滤纸上，就需要进行热过滤。过滤时，把玻璃漏斗放在铜制的热漏斗内，并不断加热，使液体保持一定的温度，如图 1-9 所示。热过滤时，应选用短颈玻璃漏斗。过滤少量溶液时，也可将漏斗放在水浴上或烘箱中加热，然后立即使用。

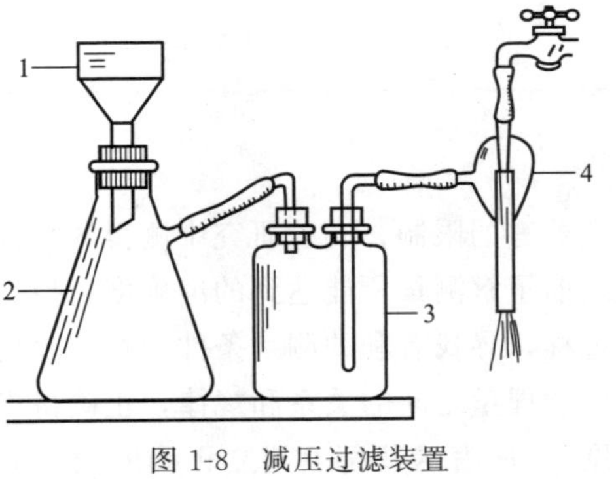

图 1-8　减压过滤装置

1—布氏漏斗；2—抽滤瓶；3—安全瓶；4—水泵

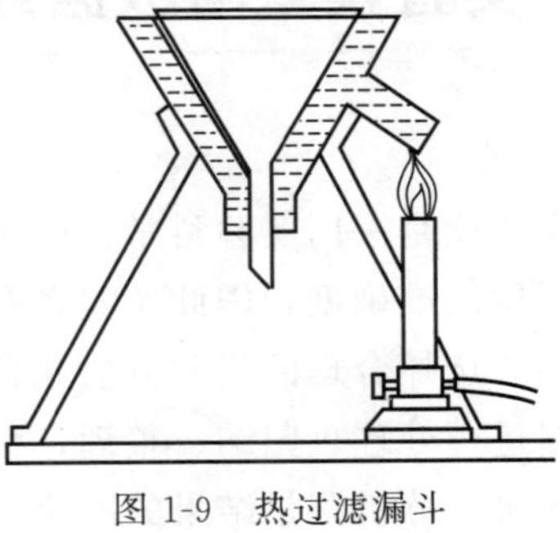

图 1-9　热过滤漏斗

1.2.7.3　离心分离法

不能用一般的过滤法分离沉淀时，可采取离心分离法。此法常用的仪器是电动离心机。其操作是将盛有沉淀和溶液的离心管放入离心机的试管套内，为保持平衡，在与此对称的另一试管套内也放一支盛有等体积水的离心管，盖上离心机盖子，将离心机变速器调至最低挡开动，再逐渐加速，运转 1～2min 关闭离心机，让其自然停止。任何情况下都不允许用高速挡启动和强制停止。离心沉降后，取出离心管，用一干净吸管小心吸出上层清液，用2～3倍沉淀量的洗涤液洗涤沉淀，充分摇动，再进行离心分离。如此操作2～3次。

1.2.8 试纸的使用

实验室常用的试纸有：pH试纸，醋酸铅试纸，淀粉-碘化钾试纸。这里仅介绍pH试纸。pH试纸用于检验溶液pH值，一般有两类：一类是广泛pH试纸，变色范围在pH值1～14；另一类是精密pH试纸，这种试纸在pH值变化较小时就有颜色变化，可用来较精细地检验溶液pH值，变色范围有pH值2.7～4.7，3.8～5.4，5.4～7.0，6.8～8.4，8.2～10.0，9.5～13.0等。

使用pH试纸时，应用蘸有待测液的玻璃棒点在试纸上，然后与色阶板比较，得出pH值或pH值范围。切忌将试纸浸在溶液中。

1.2.9 实验用纯水的制取

化学实验尤其是定性、定量分析实验需要用纯净水，常用蒸馏水。蒸馏水是利用水与杂质的沸点不同而制得的，通常是经过一次蒸馏而得（即一次水）。对高纯物质的分析，必须用高纯水。为此，可以增加蒸馏次数，减慢蒸馏速度，采用高纯材料（如石英）作蒸馏器等。实验室中所用的二次水、三次水等就是通过二次蒸馏、三次蒸馏得到的。高纯水应当储存在有机玻璃、塑料或石英容器内。蒸馏法制纯水的优点是操作简单、成本低、效果好（可除去离子杂质和非离子杂质），适用于实验室、科研室及化验室。目前，已有多种蒸馏水器商品供应，常用的有石英双蒸馏水器和石英哑沸蒸馏水器。由于蒸馏法制纯水的产量低，水质电阻率较低，若用水量大，可采用离子交换法制纯水，或者蒸馏法与离子交换法联合使用。

1.3 实验误差与数据处理

化学实验是一门实验科学。由于仪器和感觉器官的限制，实验研究中测得的数据只能达到一定程度的准确度，因此实验者必须在实验之前了解测量所能达到的准确度，拟定可行的实验方案，选择合理的实验方法和合适的实验量程，寻找有利的测量条件，在实验后对所测得的数据进行处理、归纳、整理，科学地分析各物理量之间的关系和规律，正确得出实验结果，并评价、分析测量结果的准确性（可靠程度）。所有这些都要树立正确的误差概念，并通过对误差大小及产生误差原因的分析，采取减小误差的有效措施，以实现上述要求。以下简单介绍有关误差分析与数据处理的一些基本概念。

1.3.1 误差及产生原因

1.3.1.1 系统误差（可测误差）

系统误差是由一定原因引起的，它对测定结果的影响比较固定，在同一条件下，重复测定，它将重复出现，因此其大小可以测出。产生的原因有方法误差（如容量分析中计量点和滴定终点不相符)、仪器误差(如天平、砝码和量器刻度不够准确)、试剂误差、操作误差(如滴定管读数偏高或偏低，某种颜色的变化辨别不够敏锐)等。常用对照试验、空白试验、校准仪器等办法减小系统误差。

1.3.1.2 偶然误差(随机误差)

偶然误差是由某些难以预料的偶然因素引起的(如测定时环境温度、湿度和气压的微小波动，仪器性能的微小变化等)，它对测定结果的影响不固定。虽然偶然误差难以察觉，但它具有一定的规律：小误差出现的概率大，大误差出现的概率小，大小相等的正负误差出现的概率相等。偶然误差随测定次数的增加而迅速减小。所以，多次测量取平均值，是减少偶然误差的最好办法。滴定分析中，一般要平行测量3～4次。

1.3.1.3 过失误差

实验和测量过程中因科学意识不强，粗心大意(如加错试剂，读数、记录和计算错误等)，或不按规范程序操作所造成的人为错误为过失误差。实验和测量过程中一定要态度认真、操作规范、细心负责，避免过失误差。

1.3.2 误差的表示法

1.3.2.1 准确度与误差

准确度指测定值与真实值之间的偏离程度，大小用误差来量度。误差越小，测定结果的准确度越高。

(1) 绝对误差 E

$$\text{绝对误差}\ E=\text{测量值}(x)-\text{真实值}(T)$$

$$E=x-T$$

$E>0$ 为正误差，$E<0$ 为负误差。

(2) 相对误差 E_r

$$\text{相对误差}\ E_r=\text{绝对误差}\ E/\text{真实值}\ T$$

$$E_r=\frac{E}{T}\times 100\%$$

仪器的 E 是可知的，但 T 是未知的，通常用测定值的平均值 $\overline{x}$ 代替

$$E_r=\frac{E}{\overline{x}}\times 100\%$$

则 E_r 的意义是绝对误差在测定值中所占的比例。E 是有量纲的，而 E_r 是无量纲的，因此，不同物理量的 E_r 可以相互比较；E 的大小与被测值 x 大小无关，而 E_r 与被测值 x 大小及 E 的值都有关。因此，无论是比较各种测量的精度或是评定测量结果的准确度，采用 E_r 都更为合理。

1.3.2.2 精密度和偏差

精密度是指多次测量结果之间的吻合程度，大小用偏差来量度。偏差越小，精密度越高。精密度包括测量值的重现性和测量结果的有效数字位数。

(1) 绝对偏差 d

$$\text{绝对偏差}\ d=\text{单个测量值}(x_i)-\text{平均值}(\overline{x})$$

$$d = x_i - \bar{x}$$

(2) 绝对平均偏差 $\bar{d}$

$$\bar{d} = \frac{|\bar{d}_1| + |\bar{d}_2| + \cdots + |\bar{d}_n|}{n} \qquad (n\text{ 为测定次数})$$

(3) 相对平均偏差 $\bar{d}_r$

$$\bar{d}_r = \frac{\bar{d}}{\bar{x}} \times 100\%$$

相对平均偏差计算比较简单，多用于一般的测量工作中。常量滴定分析的测量结果一般要求 $\bar{d}_r \leqslant 0.2\%$。

注意精密度与准确度的区别和联系。如果测量的结果精密度高，准确度不一定很好。高精密度不能保证高准确度，而高准确度必须由高精密度来保障。只有在无系统误差时，精密度和准确度才是一致的。

1.3.3 实验数据的处理

实验中任何测量的准确度都是有限的，只能以一定近似值来表示测量结果。因此，测量数据的准确度就不能超过测量所允许的范围。如果随意地将近似值保留过多的位数，反而会歪曲测量结果的真实性。要正确记录和计算实验数据，就涉及有效数字和数值运算规则问题。

1.3.3.1 记录测量数值，必须写出它的有效数字

有效数字是指实际测量得到的数字，它包括所有的准确数字和最后一位估计数字。例如50mL 量筒上的最小刻度为 1mL，在两刻度间可再估读一位，所以可读至 0.1mL（如35.5mL）。若为 50mL 滴定管，最小刻度为 0.1mL，再估读一位，可读至 0.01mL（如25.41mL），若记录为 25.4 或 25.416，都是错误的。

注意“0”的双重作用：第 1 个数字前面的“0”，如 0.0001564 中“0”，只作定位用，不是有效数字；数字中间的和小数末端的“0”，如 2500.38、6.9700 中“0”，是有效数字。整数如 500 中“0”，有效数字位数不能确定。如写成 5.0×10^2，是两位有效数字、写成 5.00×10^2，是三位有效数字。

对于 pH、pOH、pK、lg$c$ 等对数值，其有效数字的位数取决于小数点后面的位数，而小数点前面的整数部分只表明该真数中 10 的方次数。如 pH＝10.68，即 $c(H^+) = 2.1\times10^{-11}$，其有效数字为二位，而不是四位。

自然数和在计算中出现的倍数或分数，都不是测量所得到的，所以其有效数字的位数不受限制。

1.3.3.2 “四舍六入五留双”修约法

修约时要合理取舍。凡有效数字右边第 1 位数等于或大于 6 则进位，小于 4 则舍去，等于 5，如前一位是奇数则进位，是偶数则舍去。先修约后运算（使用计算器也可先运算后修约）。

1.3.3.3 有效数字运算规则

① 计算结果所得的数值只能保留一位估计数字，弃去过多的估计数字。

② 加减运算中，几个数相加或相减所得和或差的有效数字的位数，应以小数点后位数最少的那个数为准。如：求 80.1+3.46+0.7872 的和，应以 80.1 为准，多余数字应按修约规则取舍，因此应为 80.1+3.5+0.8=84.4。

③ 乘除运算中，几个数相乘或相除所得的积或商的有效数字的位数应以有效数字位数最少的那个数为准。如求 0.0431×27.84×1.0578 的积，应以 0.0431 为准来保留其他数据的位数，因此应为 0.0431×27.8×1.06=1.27。

1.3.4 实验数据的表达

实验数据应整理、归纳，并以简明正确的方式表达出来。通常有列表法，作图法和数学方程法。下面仅就列表法和作图法作一简单介绍。

1.3.4.1 列表法

将一组实验数据中自变量 x 和因变量 y 一个个对应排列成表格，以表示二者之间的关系。列表法注意事项如下所示：

① 每个表格都应有一个编号和完整、简明的名称；

② 表格的首栏应以“物理量/单位”形式表示，如 V/mL 等，这样表格中所列为纯数；

③ 公共乘方因子应记在栏头中，以使数据简化；

④ 每一列的数字排列要整齐，小数点要对齐，以便相互比较；数值为零应记为 0，数值空缺应记一横线“——”。

实验的原始数据一般采用列表法记录。表格法虽然简单易行，既不需要特殊的图纸和工具，又便于参考比较，但列表法不能反映出名、数值间连续变化的规律。

1.3.4.2 作图法

利用实验数据作出图形，可以直观地显示出实验数据的特点、数据变化的规律，如极大、极小、转折点、周期性、变化速率等重要性质。从图形上能简便地找出所需要的数据，有利于确定经验方程中的常数等；也可以方便地求出斜率、截距、切线等；同时利用多次测量的数据描绘出的图形，还具有“平均”的意义，从而可以发现和消除一些偶然误差。因此利用实验数据正确地作出图形，在数据处理上是一种很重要的方法。作图时应注意以下几点。

① 坐标纸、坐标轴的选择。实验中常用的坐标纸有直角坐标纸、对数坐标纸和三角坐标纸，一般用直角坐标纸。用直角坐标纸作图，通常习惯上以自变量为横轴，因变量（函数值）为纵轴。

② 坐标标度的选择。通常应使单位坐标格子所代表的变量为简单的整数（选 1、2、4、5 的倍数，不宜选用 3、6、7、9 的倍数）。如无特殊的需要（如直线外推求截距），就不必以坐标原点为标度起点，而从略低于最小测量值的整数开始，使作图紧凑，同时读数精度也得到提高。如图 1-10(a) 合适，图 1-10(b) 不合适。

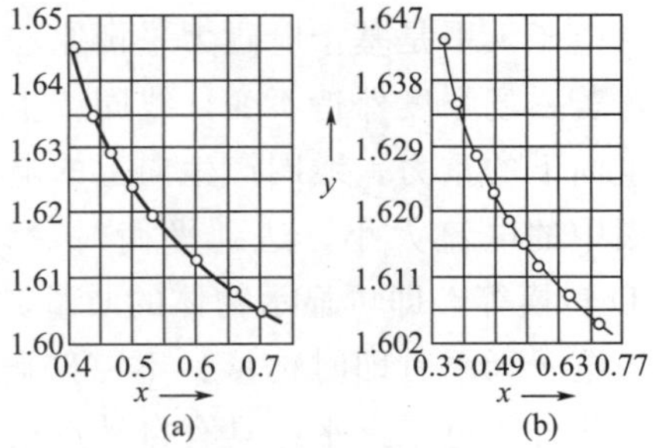

图 1-10 坐标标度的选择

③ 坐标比例尺的选择应使变量的绝对误差在图纸上相当 0.5～1 小格（坐标纸的最小分度为 0.5～

1mm)，如以 $\pm\Delta x$、$\pm\Delta y$ 分别表示两个变量的绝对误差，则 $\pm\Delta x$ 和 $\pm\Delta y$ 在毫米坐标纸上约等于 1～2mm，因而点子的大小也约为（$\pm\Delta x$）（$\pm\Delta y$）大小的矩形面积。比例尺选择不当，会使曲线变形，甚至由此得出错误的结论。比例尺选定后，画出坐标轴，并在轴端或轴旁注明变量的名称和单位，在轴的分度（刻度）边写明该变量的对应值（一般写在逢 5 或 10 的粗刻度线上）。对于直线或近于直线的曲线，应让它与横坐标的夹角在 45°左右（图纸上对角线附近，使直线的斜率尽可能接近于 1）。

④ 图点的标绘数据的代表点常用符号●、○、⊗、△、×、□等表示（符号的面积近似地代表测量的绝对误差范围）。绘出曲线后这些代表点符号仍保持清晰显现。

⑤ 曲线的绘制根据代表点可连接成曲线（或直线）。曲线不必通过各个点，但要尽量保证各代表点均匀地分散在曲线两侧，使所有点离开曲线距离的平方和最小。这样绘出的曲线才能反映出被测物理量之间的变化规律。为保证曲线所呈现的规律的可靠性，在曲线的极大、极小或转折点处应多测定一些数据。绘制曲线时若发现个别点远离曲线，要分析原因，如检查计算无误，又难以重做实验验证，只好舍弃；如重新测量得到同一结果，就应引起重视，并在这一区间重复仔细测量，还应适当增加该点两侧测量点的密度。总之，绘制的曲线要尽可能平滑，不能成折线。

若在同一坐标纸上绘制几条曲线，则每一条曲线上的代表点及对应的曲线要用不同的符号或不同的颜色表示。

曲线做好后，应注上图的名称，说明坐标轴所代表的物理量及主要的测量条件（如温度、压力、浓度等）。

⑥ 从直线上求斜率必须从线上取点。对于直线 $y=ax+b$，斜率为

$$a=\frac{y_2-y_1}{x_2-x_1}$$

为了减小误差，所取二点不能相距太近，所取之点必须在线上（绝对不允许取实验中的两组数据代入计算）。应该注意的是两点标度差之比，不是纵横坐标线段长度之比（因纵横坐标的比例尺可能不同）。

1.4 称量

电子天平是进行化学实验不可缺少的重要称量仪器。常用的天平种类很多，尽管在结构上各有差异，但它们都是根据杠杆原理设计而制成的。

电子天平是基于电磁力平衡原理来称量的天平。其原理可简述为：在磁场中放置通电线圈，若磁场强度保持不变，线圈产生的磁力大小与线圈中的电流大小成正比。称物时，物体产生向下的重力，线圈产生向上的电磁力，为维持两者的平衡，反馈电路系统会很快调整好线圈中的电流大小。达到平衡时，线圈中的电流大小与物体的质量成正比。通过校正及 A/D 转换等，即可显示物体的质量。

电子天平有即时称量、不需砝码、达到平衡快、直显读数、性能稳定、操作简单等特点。此外，电子天平还具有自动校正、自动去皮、超载显示、故障报警、信号输出及数据处理等功能。因此，电子天平具有机械天平无法比拟的优点。

电子天平可分为上皿式和下皿式两种。称量盘在支架上面的为上皿式，称量盘吊挂在支架下面的为下皿式，目前使用较广泛的是上皿式电子天平。市面上电子天平型号繁多，其主要区别在外观和面板上，功能和使用方法则大同小异。现以 EL/AL-204 型电子天平为例，具体介绍其结构、性能和使用方法。EL/AL-204 型电子天平的外形结构如图 1-11 所示，EL 系列的所有天平具有相同的操作键和显示屏。

1.4.1 EL/AL-204 型电子天平的主要技术指标

技术参数	指标值
可读性/mg	0.1
最大称量值/g	210
重复性/mg	0.1
线性误差/mg	±0.3
外部校准砝码/g	200
称量盘尺寸/mm	ϕ90
典型稳定时间/s	4
外形尺寸[*W*(mm)×*D*(mm)×*H*(mm)]	238×335×364

1.4.2 EL/AL-204 型电子天平的特点

除了称量、去皮和校准等基本操作，还可以激活百分比称量、称量值回忆、计件称量、动态称量、加减称量、自由牛顿因子等内置应用程序。

亦可实现多种称量单位的转换：g、kg、mg、ct 等。

1.4.3 使用时的环境条件

环境温度　　10～30℃

相对湿度　　15%～80%　　无凝结

1.4.4 电子天平的使用方法

① 水平调节　天平安装好后，先观察水平仪，如水平仪的小气泡偏移，需调整水平调节脚，使小气泡位于水平仪圆圈内，EL/AL-204 型电子天平见图 1-11。

② 开启天平　接通电源，轻按 ON 键，显示器亮，同时天平进行自检，约 2s 后显示天平的型号，然后是称量模式，如 0.0000g。稍预热后即可称量。

③ 天平校准　新装好的天平及存放较长时间未使用的天平，在使用前应进行校准。此外，若天平位置移动，环境发生变化，或为了能准确称量，在使用前也应对天平进行校准。

④ 称量　按 TAR 键，显示为“0.0000g”后，将被称物置于称量盘上，待显示屏左下角的“0”标志熄灭后，显示屏所示数字即为被称物的质量。

⑤ 去皮称量　按 TAR 键清零，将容器置于称量盘上，天平显示容器质量，再按 TAR 键，显示“0.0000g”，即去皮。再把待称物加入容器中，待显示屏左下角“0”标志熄灭，这时显示的是待称物的质量。按 TAR 键清零后，若从称量盘上取下物品，天平显示负值，

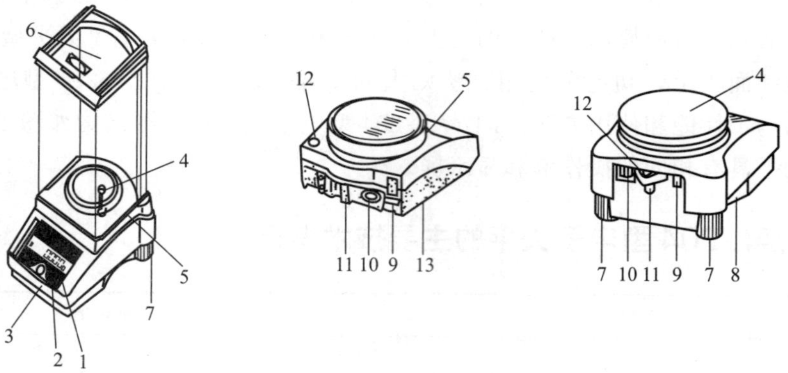

图 1-11　EL/AL-204 型电子天平

1—操作键；2—显示屏；3—具有以下参数的型号牌表示“Max”：最大称量值，“d”：实际分度值；4—称量盘；5—防风圈（部分天平有）；6—防风罩；7—水平调节脚；8—用于下挂称量的称量钩孔（在天平底部）；9—交流电源适配器插座；10—RS232C 接口（选购件）；11—防盗锁（选购件）连接环；12—水平泡；13—电池盒（仅袖珍型天平有）

该值即为取下物品的质量。

若称量过程中称量盘上的总质量超过最大载荷，天平仅显示上部线段，此时应立即减小载荷。

⑥ 天平用完后，按 OFF 键关闭。若当天不再使用天平，应拔下电源插头。

电子天平由于生产厂家和型号的不同，功能调试键各有不同，使用时详见产品说明书。学生在使用电子天平时，一般只进行 ON、OFF 和 TAR 三个键的操作，禁用其他功能键。

1.4.5　电子天平的称量方法

根据不同的称量对象和实验要求，需采用相应的称量方法和操作步骤。以下介绍几种常用的称量方法。

(1) 直接称量法

此法用于称量某物体的质量，如称量小烧杯的质量、坩埚的质量等。这种称量方法适用于称量洁净干燥、不易潮解或升华的固体试样。

(2) 固定质量称量法

也称增量法，用于称量固定质量的某试剂（如基准物质）或试样。这种称量的速度较慢，只适于称量不易吸潮、在空气中能稳定存在的试样，且试样应为粉末状或小颗粒状（最小颗粒应小于 0.1mg)，以便调节其质量。固定质量称量法操作如图 1-12 所示。

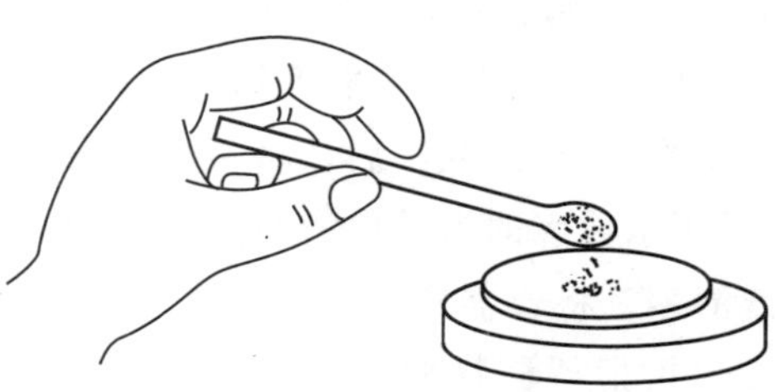

图 1-12　固定质量称量法操作

将洁净的表面皿（或小烧杯）置于天平的称量盘上称出其质量，然后慢慢加试样至所加量与所需量相同。称量时，若加入的试剂量超过了指定质量，则应重新称量。从试剂瓶中取出的试剂一般不应放回原试剂瓶中，以免污染原试剂。操作时不能将试剂散落于表面皿（或小烧杯）以外的地方，称好的试剂必须定量地直接转入接收容器中。

（3）递减称量法

此法用于称量质量在一定范围内的试样或试剂。易吸水、易氧化或易与 CO_2 反应的试样，可用此法称量。需平行多次称取某试剂时，也常用此方法。由于称取试样的质量是由两次称量之差求得，故也称差减法。

用此法称量时，先借助纸片从干燥器（或烘箱）中取出称量瓶（注意：不要让手指接触称量瓶和瓶盖，称量瓶应处室温），如图 1-13(a) 所示，用小纸片夹住瓶盖柄，打开瓶盖，用药匙加入适量试样，盖上瓶盖。将称量瓶置于称量盘上，关好天平门，称出称量瓶及试样的准确质量（也可按清零键，使其显示 0.0000g）。再将称量瓶取出，在接收容器的上方，倾斜瓶身，用称量瓶盖轻敲瓶口上部使试样慢慢落入容器中，如图 1-13(b) 所示。

(a) (b)

图 1-13　称量瓶使用示意图

当敲落的试样接近所需量时（一般称第 2 份时可根据第 1 份的体积估计），一边继续用瓶盖轻敲瓶口，一边逐渐将瓶身竖直，使沾附在瓶口上的试样落下，然后盖好瓶盖，把称量瓶放回天平称量盘，准确称其质量。两次质量之差，即为试样的质量（若先清零了，则显示值即为试样质量）。若一次差减出的试样量未达到要求的质量范围，可重复相同的操作，直至合乎要求。按此方法连续递减，可称取多份试样。

1.4.6　使用天平的注意事项

① 开、关天平，放、取被称物，开、关天平门等，都要轻、缓，切不可用力按压、冲击天平称量盘，以免损坏天平。

② 清零和读取称量读数时，要留意天平门是否已关好。称量读数要立即记录在实验报告本中。

③ 对于热的或过冷的被称物，应置于干燥器中直至其温度同天平室温度一致后才能进行称量。

④ 天平的前门（有些天平无单独的前门）、顶门仅供安装、检修和清洁时使用，通常不要打开。

⑤ 在天平防尘罩内放置变色硅胶干燥剂，当变色硅胶失效后应及时更换。注意保持天

平、天平台和天平室的整洁和干燥。

⑥ 如果发现天平不正常，应及时向教师或实验室工作人员报告，不要自行处理。称完后，应及时使天平还原，并在天平使用登记本上登记。

1.5 滴定分析仪器及其基本操作

1.5.1 滴定管

滴定管是用于滴加溶液并确定溶液体积的玻璃仪器。它的上部为带刻度的细长玻璃管，下端为滴液的尖嘴，中间是用于控制滴定速度的旋塞或乳胶管（配以玻璃珠）。滴定管分为酸式滴定管和碱式滴定管两种（图 1-14）。酸式滴定管可以用来盛放酸性、中性及氧化性溶液，但不宜装碱性溶液，因为碱性溶液能腐蚀玻璃磨口和旋塞；碱式滴定管用来盛放碱性及无氧化性溶液。能与乳胶管起反应的溶液，如高锰酸钾、碘和硝酸银等溶液，不能加入碱式滴定管中。目前市面上还有一种带聚四氟乙烯旋塞的通用型滴定管。这种滴定管可克服上述酸式、碱式滴定管存在的旋塞易堵塞、乳胶管易老化及只宜装某些溶液的缺点，使用起来较方便。滴定管的容量有大有小，最小的为 1mL，最大的为 100mL，还有 50mL、25mL 和 10mL 的滴定管。常用的是 50mL 和 25mL 的滴定管，它们的最小刻度为 0.1mL，读数可估计到 0.01mL。

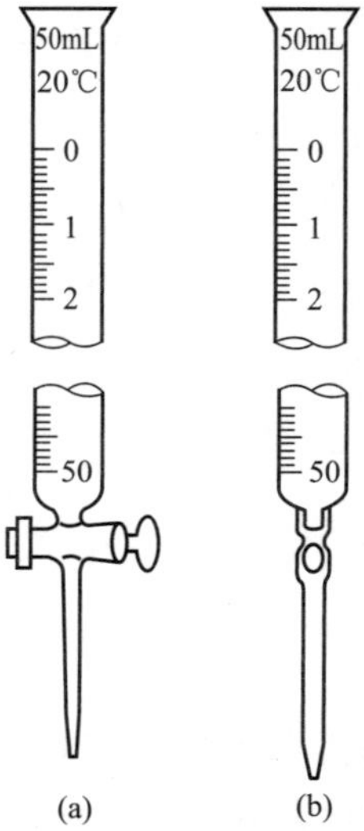

图 1-14 滴定管

1.5.1.1 洗涤

滴定管一般用自来水冲洗，零刻度线以上部分可用毛刷刷洗，零刻度线以下部位如不干净，则应采用洗液洗（碱式滴定管应除去乳胶管，用橡胶乳头将滴定管下口堵住）。污垢少时可加入约 10mL 洗液，双手平托滴定管的两端，不断转动滴定管，使洗液润洗滴定管内壁，操作时先关闭旋塞并将管口对准洗液瓶口，以防洗液外流。洗完后，将洗液分别由两端放出。如果滴定管太脏，可将洗液装满整根滴定管浸泡一段时间。为防止洗液流出，在滴定管下方可放一烧杯，最后用自来水、蒸馏水洗净。洗净后的滴定管内壁应被水均匀润湿而不挂水珠。如挂水珠，应重新洗涤。

1.5.1.2 查漏

滴定管洗涤好后，在其中装入蒸馏水至零刻度以上，并垂直地夹在滴定管架上，静置几分钟，观察是否漏水。然后试着滴定一下，看是否能灵活控制滴定速度。若滴定管漏水或操作不灵活，应进行下述处理。

对于酸式滴定管，应在旋塞与塞套内壁涂少许凡士林。涂凡士林时，不要涂得太多，以免堵住旋塞孔；也不要涂得太少，达不到转动灵活和防止漏水的目的。在旋塞的大头部分和旋塞套小端部分的内壁涂上适量的凡士林后，将旋塞直接插入旋塞套中。插入时旋塞孔应与滴定管平行，此时旋塞不要转动，这样可以避免将凡士林挤到旋塞孔中去。然后，向同一方向不断旋转旋塞，直至旋塞周围呈均匀透明状为止。旋转时，注意应有一定的向旋塞小的一端挤的力，避免来回移动旋塞，使塞孔被堵（图 1-15）。最后将橡胶圈套在旋塞小端的沟槽上。若旋塞孔或出口尖嘴被凡士林堵塞，可将滴定管充满蒸馏水后（若室温较低，应加温蒸馏水），将旋塞打开，用洗耳球在滴定管上部挤压，将凡士林排出。

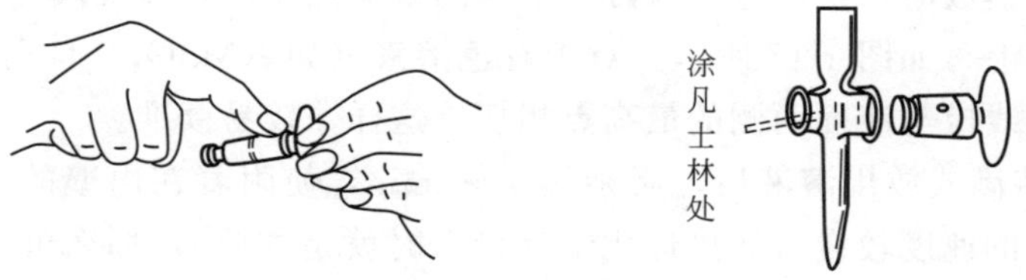

图 1-15　酸式滴定管活塞涂凡士林

若为碱式滴定管，应检查橡胶管是否老化、玻璃珠大小是否合适。橡胶管老化则更新，玻璃珠过大（不便操作）或过小（会漏溶液）也应更换，以达到控制灵活、不漏溶液的目的。

若为带聚四氟乙烯旋塞的通用型滴定管，则通过调节螺丝即可。

1.5.1.3　装液

为了使装入滴定管的溶液不被滴定管内壁的水稀释，要先用所装溶液润洗滴定管。注入所装溶液 10～15mL，然后两手平端滴定管，慢慢转动使溶液流遍全管。打开滴定管的旋塞，使润洗液从滴定管下端流出。润洗 3 次以后，即可装入溶液。装液时应将瓶中的溶液直接倒入滴定管中（注意不要借用其他容器，如烧杯、漏斗等转移，以免带来误差），直至充满至零刻度以上为止。

1.5.1.4　排气

装好溶液后，应检查尖嘴部分和橡胶管（碱式滴定管）内是否有气泡。若碱式滴定管中有气泡，可用右手拿滴定管，左手拇指和食指捏住玻璃珠部位，使橡胶管向上弯曲翘起，并捏挤橡胶管，使溶液从尖嘴喷出，排除气泡（图 1-16）。排除酸式滴定管及通用型管中的气泡，可用右手拿滴定管，左手迅速打开旋塞，使溶液冲出尖嘴，流入水槽，同时右手可上下抖动滴定管。气泡排除后，加入溶液至“0”刻度以上，再转动旋塞或挤捏玻璃珠，把液面调节在 0.00mL 刻度处或略低于零刻度处。

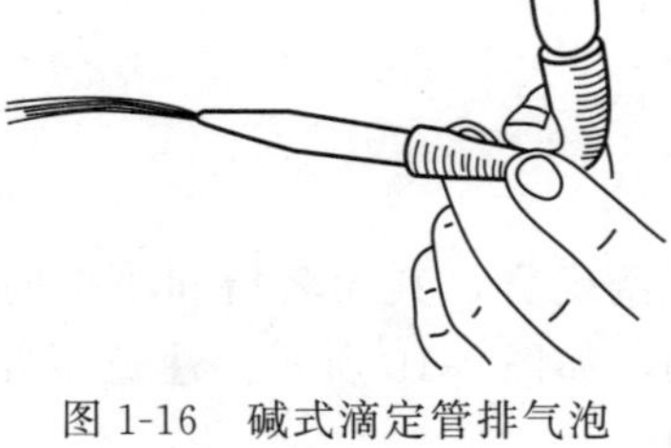

图 1-16　碱式滴定管排气泡

1.5.1.5　读数

滴定管读数前，应看看滴嘴上是否挂着液珠。滴定后，若滴嘴上挂有液珠，则无法准确确定滴定体积。读数时一般应遵循下列原则。

① 将滴定管从滴定管架上取下，用右手大拇指和食指捏住滴定管上部（即滴定管及溶液的重心以上），其他手指从旁辅助，使滴定管自然垂直，然后再读数。将滴定管夹在滴定管架上读数的方法，一般不宜采用，因为这样很难保证滴定管垂直和准确读数。

② 由于水的附着力和表面张力的作用，滴定管内的液面呈弯月形，无色和浅色溶液的弯月面比较清晰。读数时，视线应与弯月面下缘的最低点相切，即视线应与弯月面下缘的最低点在同一水平面上，如图 1-17 所示。对于有色溶液（如 $KMnO_4$、I_2 等），其弯月面不够清晰，读数时，视线应与液面两侧的最高点相切，这样才较易读准。

③ 在滴定管装满或放出溶液后，必须等 1～2min，使附着在内壁的溶液流下来，再读数。如果放出溶液的速度较慢（如接近化学计量点时就是如此），那么可只等 0.5～1min 即可读数。注意在每次读数前，都看一下管壁内有没有挂液珠，管的尖嘴处有无悬液滴，管嘴内有无气泡。

④ 必须读至 0.01mL 位。滴定管上两个小刻度之间为 0.1mL，要正确估计其十分之一的值，需经严格训练方能做到。一般可以这样估计：当液面在此两小刻度线中间时，最后一位即为 0.05mL；若液面在两小刻度的 1/3 处，即为 0.03mL 或 0.07mL；当液面在两小刻度的 1/5 时，即为 0.02mL 或 0.08mL 等。

⑤ 对于有蓝带的滴定管，读数方法与上述相似。当蓝带滴定管内盛有溶液时，将出现似两个弯月面的上下两个尖端相交，此上下两尖端相交点的位置，即为蓝带管的读数的正确位置。

⑥ 为了便于读数，亦可采用读数卡，它有利于初学者读数。读数卡是用贴有黑纸或涂有黑色长方形的白纸板制成的。读数时，将读数卡放在滴定管背后，使黑色部分在弯月面下约 0.5cm 处，此时即可看到弯月面的反射层全部成为黑色，如图 1-18 所示。然后，读此黑色弯月面下缘的最低点。对有色溶液须读其两侧最高点时，须用白色卡片作为背景。

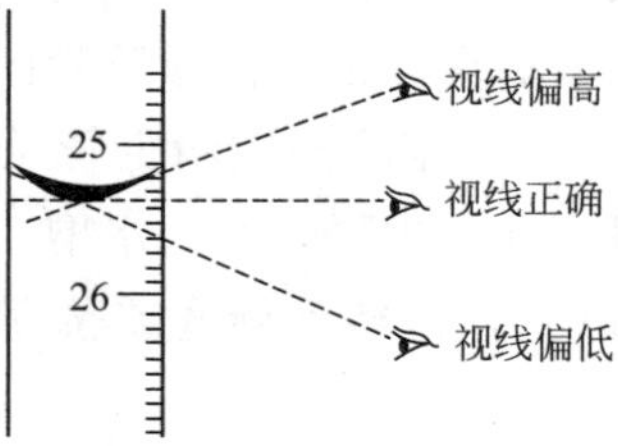

图 1-17　读数方法

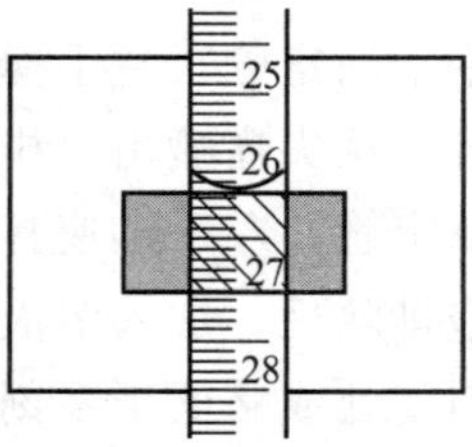

图 1-18　读数卡读数法

1.5.2　滴定操作

使用酸式滴定管时，左手握滴定管，其无名指和小指向手心弯曲，轻轻地贴着出口部分，用其余三指控制旋塞的转动，如图 1-19 所示。注意不要向外用力，以免推出旋塞造成漏液，而应使旋塞稍有向手心的回力。

使用碱式滴定管滴定，仍以左手握管，其拇指在前，食指在后，其他三个手指辅助夹住出口管。用拇指和食指捏住玻璃珠所在部位，向右边挤橡胶管，使玻璃珠移至手心一侧，这样溶液即可从玻璃珠旁边的空隙流出（图 1-20）。注意不要用力捏玻璃珠，不要使玻璃珠上下移动，也不要捏玻璃珠下部的橡胶管，以免空气进入而产生气泡。

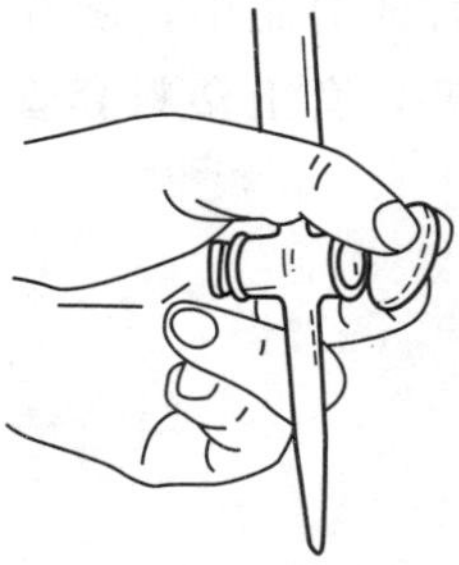

图 1-19 酸式滴定管操作方法

图 1-20 碱式滴定管操作方法

滴定一般在锥形瓶中进行，滴定管下端伸入瓶中约 1cm，必要时也可在烧杯中进行。操作方法如图 1-21 所示。

左手按前述方法操作滴定管，右手的拇指、食指和中指拿住锥形瓶颈，沿同一方向按圆周摇动锥形瓶，不要前后振动。边滴边摇，两手协同配合，开始滴定时，无明显变化，液滴流出的速度可以快一些，但必须成滴而不能成线状流出，滴定速度一般控制在 3～4 滴/s，注意观察溶液的滴落点。随着滴定的进行，滴落点周围出现暂时性的颜色变化，但随着摇动锥形瓶，颜色变化很快。当接近终点时，颜色变化消失较慢，这时就应逐滴加入，加一滴后把溶液摇匀，观察颜色变化情况，再决定是否还要滴加溶液。最后应控制液滴悬而不落，用锥形瓶内壁把液滴靠下来（这时加入的是半滴溶液），用洗瓶吹洗锥形瓶内壁，摇匀。如此重复操作直至颜色变化半分钟内不消失为止，即可认为达到终点。

图 1-21 滴定操作

滴定结束后，滴定管内剩余的溶液应弃去，不要倒回原瓶中。然后依次用自来水、蒸馏水冲洗数次，倒立夹在滴定管架上。或者洗后装入蒸馏水至刻度线以上，再用小烧杯或口径较粗试管倒盖在管口上，以免滴定管污染，便于下次使用。

1.5.3 微型聚四氟乙烯滴定管

为减少废液排放，保护环境，减少贵重试剂的用量，微型滴定分析逐步在实验教学中得到推广。

微型滴定管结构如图 1-22 所示。图中，1 为缓冲球，作用是防止滴定剂吸取过量而冲至洗耳球内和消除吸入刻度管内的气泡；2 为刻度管；3 为聚四氟乙烯旋塞；4 为塑料套管滴头。

微型滴定管使用方法：①将滴定管固定在滴定台架上；②打开旋塞，用洗耳球抽取清洗液至刻度管内，反复挤压洗耳球，让清洗液不断上下抽动。洗完后，再用清水和蒸馏水洗，如刻度管内的油污很多，可先用热的洗涤液抽洗或浸一段时间，再用清水洗；③加滴定液时，将滴定管滴液尖嘴插入盛滴定液的试剂瓶中，旋开活塞，用洗耳球吸取滴定液至玻璃球内，再放至“0”刻度线，旋紧活塞，套上塑料套管滴头，即可进行滴定操作。

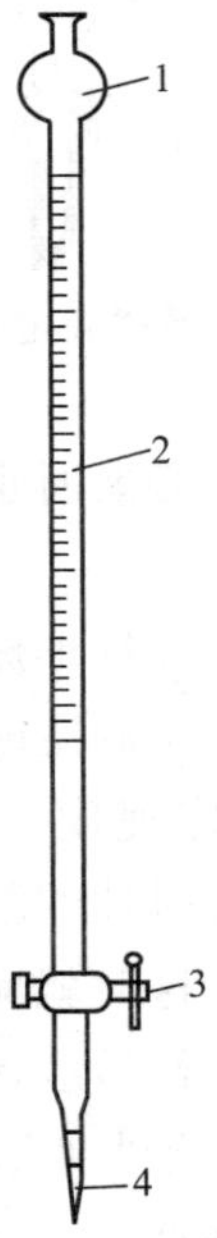

图 1-22　微型滴定管结构

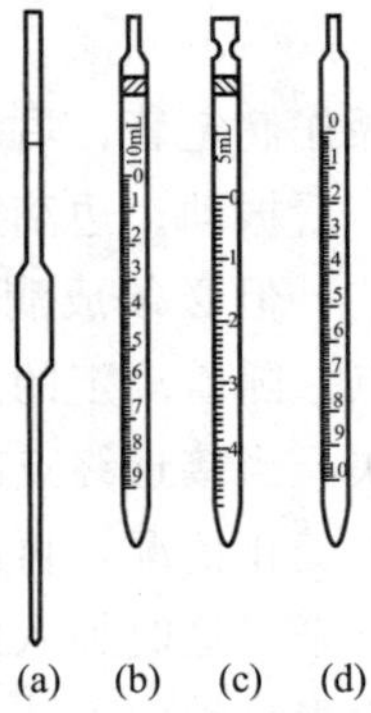

图 1-23　移液管与吸量管

1.5.4　移液管与吸量管

移液管是中间有一较大空腔的细长玻璃管，管颈上部刻有一标线，参见图 1-23(a)，在标明的温度下，若使溶液的弯月面与移液管标线相切，再让溶液按一定的方法自由流出，则流出液的体积与管上标明的体积相同。因此，移液管是用于准确量取一定体积溶液的玻璃仪器。常用的移液管有 5mL、10mL、25mL 和 50mL 等规格。

吸量管是具有分刻度的玻璃管。参见图 1-23(b)（c）（d），供准确量取液体之用。常用的有 1mL、2mL、5mL 和 10mL 等规格。

移液管和吸量管的洗涤应严格要求不挂水珠，以免影响所量液体的体积。除按一般玻璃仪器洗涤外（即铬酸洗液浸洗，自来水冲洗，蒸馏水润洗），吸取时还必须用所取溶液润洗 2～3 次，确保所取溶液浓度不变。

使用移液管时，左手拿洗耳球，右手拇指及中指拿住移液管或吸量管的上端标线以上部位，使管下端伸入液面约 1cm，不应伸入太深，以免外壁沾有过多液体。也不应伸入太浅，以免液面下降时吸入空气。这时，左手用洗耳球轻轻吸上液体，眼睛注意管中液面上升情况，移液管或吸量管则随容器中液体的液面下降而往下伸。当液体上升到刻度标线以上时，迅速用食指堵住上部管口。将移液管从液体内取出，靠在容器壁上，然后稍微放松食指，同时轻轻转动移液管（或吸量管），使标线以上的液体流回去。当液面的弯月形最低点与标线相切时，按紧管口，使液体不再流出。取出移液管移入准备接收液体的容器中，仍使其出口尖端接触器壁，让接受容器倾斜而移液管保持直立。抬起食指，使液体自然顺壁流下。待液体全部流尽后，约等 15s，取出移液管（图 1-24）。这时管尖部位仍留有少量溶液，除特别注明“吹”字的以外，一般此管尖部位留存的溶液不能吹入接收容器中。

1.5.5 容量瓶

容量瓶是一种细颈梨形的平底玻璃瓶，带有玻璃磨口塞或塑料塞，如图 1-25 所示。颈上有标线，表示在所指温度（一般为 20℃）下，当液体充满到标线时，液体体积恰好与瓶上所注明的体积相等。容量瓶是用来配制具有准确浓度的溶液之用的，常用的有 50mL、100mL、250mL、500mL、1000mL 等规格。

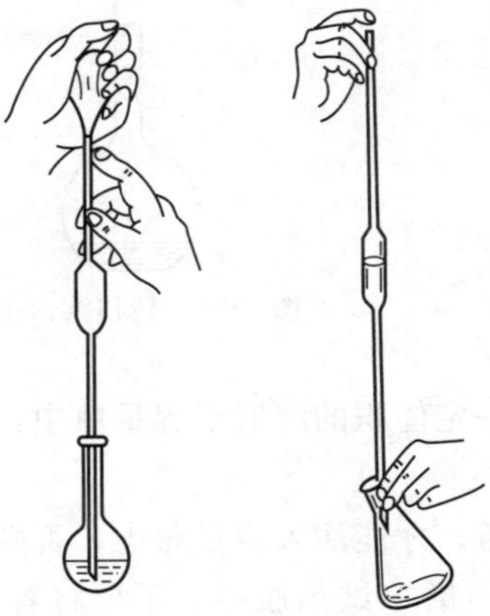

图 1-24 移液管移液操作

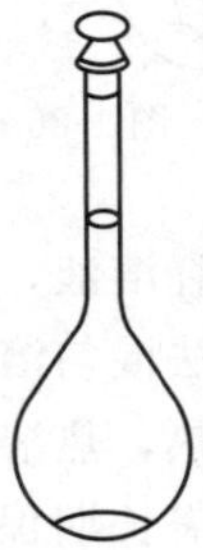

图 1-25 容量瓶

容量瓶在洗涤前应先检查一下瓶塞是否漏水。瓶中放入自来水，放到标线附近，盖好瓶塞，左手按住塞子，右手把持住瓶底边缘，把瓶子倒立 2min，观察瓶塞有无漏水现象（图 1-26）。如不漏水，将瓶直立，转动瓶塞 180°后，再倒立 2min 检查，如不漏水，便可使用。

使用容量瓶时，不要将其磨口玻璃塞随便取下放在台面上，以免沾污，可将瓶塞系在瓶颈上。若瓶塞为平头塑料塞子，可将塞子倒置在台面上。

用容量瓶配制溶液时，最常用的方法是先称出固体试样于小烧杯中，加蒸馏水或其他溶剂将其溶解，然后将溶液定量转入容量瓶中。定量转移溶液时，右手拿玻璃棒，左手拿烧杯，使烧杯嘴紧靠玻璃棒，而玻璃棒则悬空伸入容量瓶口中，棒的下端应靠在瓶颈内壁上，使溶液沿玻璃棒和内壁流入容量瓶中（图 1-27）。待烧杯中的溶液流完后，将玻璃棒和烧杯稍微向上提起，并使烧杯直立，再将玻璃棒放回烧杯中。然后，用洗瓶吹洗玻璃棒和烧杯内壁，再将溶液转入容量瓶中。如此吹洗、转移的操作，一般应重复 3 次以上，以保证定量转移。然后加蒸馏水至容量瓶的 3/4 左右容积时，用右手食指和中指夹住瓶塞的扁头，将容量瓶拿起，朝同一方向摇动几周，使溶液初步混匀。继续加蒸馏水至距离标线刻度约 1cm 处后，等 1～2min 使附在瓶颈内壁的溶液流下来后，再用滴管滴加蒸馏水至弯月面下缘与标线刻度相切（注意：勿使滴管接触溶液。也可用洗瓶加蒸馏水至刻度)。无论溶液有无颜色，均加蒸馏水至弯月面下缘与标线刻度相切为止。加蒸馏水至标线刻度后，盖上干的瓶塞，用左手食指按住塞子，其余手指拿住瓶颈标线以上部分，而用右手的全部指尖托住瓶底边缘（图 1-26)，将容量瓶倒转，使气泡上升到顶，同时可使瓶振荡以混合均匀溶液。再将瓶直立过来，然后再倒转，使气泡上升到顶部，振荡溶液。如此反复 10 次左右。

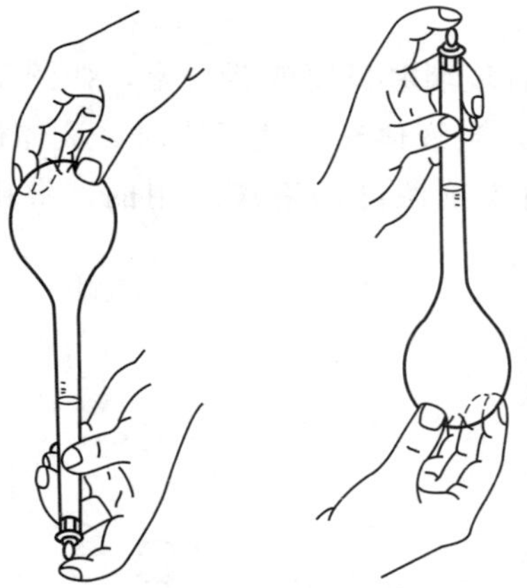

图 1-26　容量瓶检漏

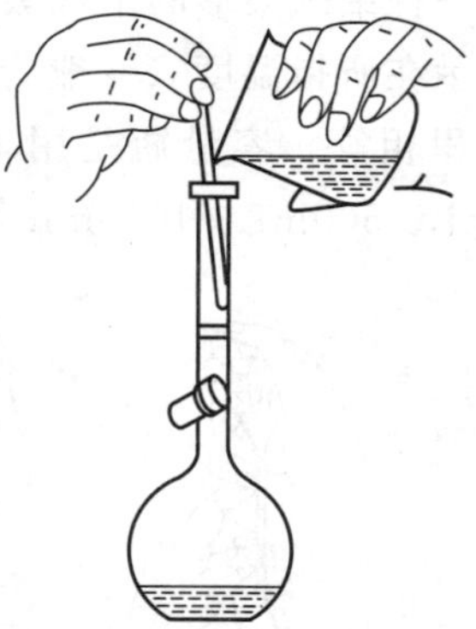

图 1-27　转移溶液的操作

如用容量瓶稀释溶液，应用移液管移取一定体积的溶液于容量瓶中，加蒸馏水至标线刻度，然后按上述方法混匀溶液。

容量瓶不能加热，热溶液应冷却至室温后，才能注入容量瓶中，否则会造成体积误差。

配好的溶液若需长期保存，应将其转移至磨口试剂瓶中，不要将容量瓶当作试剂瓶使用。容量瓶使用完毕应立即用水冲洗干净。如长期不用，在洗净擦干磨口后，用纸片将磨口隔开。此外，容量瓶不能在烘箱中烘烤，也不能在电炉等加热器上直接加热。如需使用干燥的容量瓶，可在洗净后用乙醇等有机溶剂荡洗，然后晾干或用电吹风的冷风吹干。

1.6　几种仪器的使用方法

仪器分析能适应快速、准确和微量分析的要求，它的发展极为迅速，在化学分析和医学临床上应用越来越普遍。现介绍酸度计、分光光度计、渗透压计和贝克曼温度计的使用方法。

1.6.1　酸度计

酸度计亦称 pH 计或离子计，是一种用来准确测定溶液中某离子活度的仪器。它主要由电极和电位差测量部分组成。当采用氢离子选择电极时，可测定溶液的 pH，若采用其他的离子选择电极，则可以测量溶液中某相应离子的浓度（实为活度)。

1.6.1.1　基本原理

酸度计测 pH 值的方法是电位测定法。它除测量溶液的酸度外，还可以测量电池电动势

(mV)。测量时用玻璃电极作指示电极，饱和甘汞电极（SCE）作参比电极，组成电池：

玻璃电极‖待测 pH 溶液‖SCE

由于饱和甘汞电极的电极电位不随溶液 pH 值变化，在一定温度下是一定值，而玻璃电极的电极电位随溶液 pH 值的变化而改变，所以它们组成的电池电动势也只随溶液 pH 值的变化而变化。玻璃电极（图 1-28）由 Ag/AgCl 电极、盐酸和特制的球形玻璃膜构成。将它插入待测溶液，其电极电位 φ_G 与溶液 pH 值有下列关系：

$$\varphi_{G}=\varphi_{G}^{\ominus}-\frac{2.303RT}{F}\mathrm{pH}$$

式中，$\varphi_G^{\ominus}$ 为玻璃电极标准电位；R 为气体常数；T 为开尔文温标；F 为法拉第常数。饱和甘汞电极（SCE）（图 1-29）由汞、甘汞糊、饱和 KCl 溶液构成。一定温度下饱和 KCl 溶液的浓度为一定值，故饱和甘汞电极的电位也为一定值，298K 时为 0.2412V。将玻璃电极和饱和甘汞电极插入溶液组成原电池，电池的电动势为：

$$E=\varphi_{SCE}-\varphi_{G}=\varphi_{SCE}-\varphi_{G}^{\ominus}+\frac{2.303RT}{F}\mathrm{pH}$$

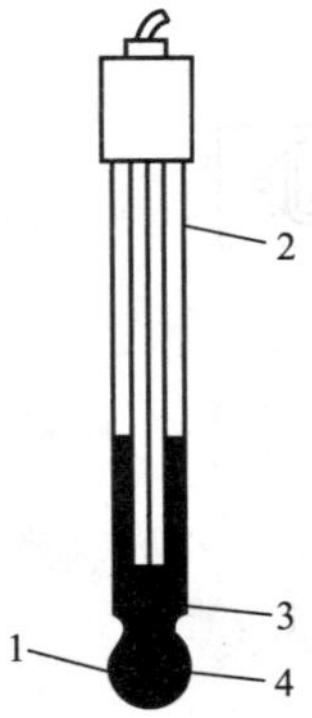

图 1-28 玻璃电极

1—玻璃薄膜；2—玻璃外壳；3—Ag/AgCl 参比电极；4—含 Cl^- 的缓冲溶液（一般为 $0.1\mathrm{mol\cdot L^{-1}}$ HCl 溶液）

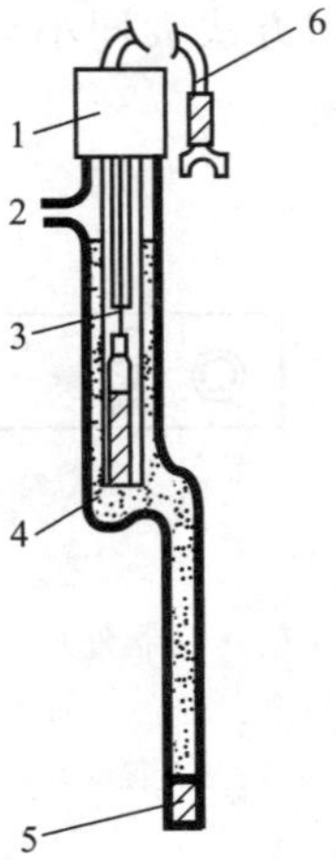

图 1-29 饱和甘汞电极（SCE）

1—绝缘帽；2—加液口；3—内电极（Pt｜Hg_2Cl_2，Hg）；4—饱和 KCl 溶液；5—多孔性物质；6—导线

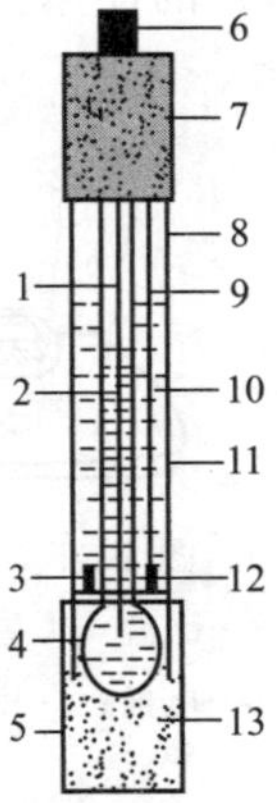

图 1-30 复合 pH 电极

1—Ag/AgCl 内参比电极；2—$0.1\mathrm{mol\cdot L^{-1}}$ HCl 溶液；3—密封胶；4—玻璃薄膜；5—保护套；6—导线；7—密封塑料；8—加液孔；9—Ag/AgCl 外参比电极；10—KCl 溶液；11—聚碳酸酯外壳；12—微孔陶瓷；13—KCl 溶液

由上式可知，E 与 pH 呈线性关系。只要测得 E 便可求得 pH。由于 $\varphi_G^{\ominus}$ 通常是未知的，所以实际测定中应该用与待测溶液 pH 值相近的标准溶液定位。在原电池中标准溶液给出的电动势为：

$$E_s=\varphi_{SCE}-\varphi_{G}^{\ominus}+\frac{2.303RT}{F}\mathrm{pH}_s$$

待测溶液给出的电动势为：

$$E_x=\varphi_{SCE}-\varphi_{G}^{\ominus}+\frac{2.303RT}{F}\mathrm{pH}_x$$

上两式中 pH_s 和 pH_x 分别为标准溶液和待测溶液的 pH 值。两式相减，得

$$pH_x = \frac{(E_x - E_s)F}{2.303RT} + pH_s$$

目前广泛使用的测 pH 的复合电极是由玻璃电极与 Ag/AgCl 外参比电极组合而来，它结构紧凑，比两支分离的电极用起来更方便，也不容易破碎（图 1-30）。复合 pH 电极在第一次使用或在长期停用后再次使用前应在 $3mol \cdot L^{-1}$ KCl 溶液中浸泡 24h 以上，使其活化，平时可浸泡在 $3mol \cdot L^{-1}$ KCl 溶液中保存。

用于校正酸度计的 pH 标准溶液一般为 pH 缓冲溶液。标准缓冲溶液应保存在盖紧的玻璃瓶或塑料瓶中，以免受空气中的 CO_2 或溶剂挥发等的影响。标准缓冲溶液一般在几周内可保持 pH 稳定不变。在校正时，应先用蒸馏水冲洗电极，并用滤纸轻轻吸干，以免污染标准缓冲溶液及影响电极的响应速率（复合电极里面容易夹带水）。为了减少测量误差，应选用与待测溶液的 pH 相近的 pH 标准缓冲溶液来校正酸度计。

1.6.1.2 pHS-3C 型酸度计

酸度计型号较多，目前实验室广泛使用的有 pHS-2 型、pHS-3B 型、pHS-3C 型和梅特勒 320-S pH 计等。它们的结构、功能和使用方法大同小异，下面简单介绍 pHS-3C 型酸度计（图 1-31）的使用方法。

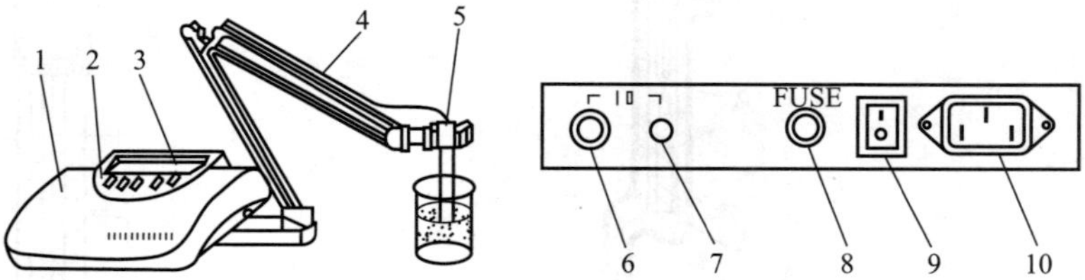

图 1-31 pHS-3C 型酸度计示意图（左：仪器外形结构，右：仪器后面板）

1—机箱；2—键盘（从左到右分别为：确认、温度、斜率、定位、pH/mV 键）；3—显示屏；4—多功能电极架；5—电极；6—测量电极插座；7—参比电极插口；8—保险丝；9—电源开关；10—电源插座

pHS-3C 型酸度计是一种精密数字显示 pH 计，其稳定性较好，操作较简便。测量溶液 pH 时的操作步骤如下。

(1) 安装电极架和电极

将多功能电极架插入电极架插座中，把 pH 复合电极安装在电极架另一端，拔下电极下端的电极保护套，并且拉下电极上端的橡胶套使其露出上端小孔，再用蒸馏水清洗电极，用滤纸吸干电极底部的水。

(2) 开机

将电源线插入电源插座，按下电源开关。电源接通后，预热 30min，接下来进行校正。

(3) 校正

按“pH/mV”键使 pH 指示灯亮，即进入 pH 测量状态；按“温度”键设定溶液温度，再按“确认”键。将清洗过的电极插入 pH=6.86 标准缓冲溶液中，待读数稳定后，按“定位”键，使仪器显示读数与该缓冲溶液在此温度下的 pH 一致，然后按“确认”键。用蒸馏水清洗电极，并用滤纸吸干留存在电极下端的水，再将其插入 pH 为 4.00 或 9.18 的标准缓冲溶液中，待读数稳定后，按“斜率”键使仪器显示读数为该缓冲溶液在此温度下的 pH，然后按“确认”键。仪器的校正到此完成，可进行 pH 的测量。需要注意的是，校正好后仪

器的“定位”及“斜率”键不应再按。若不小心触动了这些键，则不要按“确认”键，而是按“pH/mV”键使仪器重新进入 pH 测量，这样就不需要再进行校正。一般情况下，每天校正一次即可。

(4) 测量溶液的 pH

用蒸馏水清洗电极，用滤纸吸干（也可用待测溶液洗一次），将电极浸入被测溶液中，摇动烧杯，使溶液均匀，然后让溶液静置，待读数稳定后读出溶液的 pH。若被测溶液与用于校正的溶液的温度不同，则先按“温度”键使仪器显示被测溶液的温度，再按“确认”键，再进行 pH 测量。

(5) 还原仪器

测定完毕，关闭电源，洗净电极并套上电极保护套（内盛 $3\text{mol}\cdot\text{L}^{-1}$ KCl 溶液），盖上防尘罩，并进行仪器使用情况登记。

1.6.2 分光光度计

分光光度计分为红外、紫外-可见、可见分光光度计等几类，有时也称之为分光光度仪或光谱仪。可见分光光度计用于可见光吸光光度法测定，较普遍使用的有 721B 型、722 型和 7220 型，下面简单介绍 7220 型分光光度计。

1.6.2.1 分光光度计基本原理

分光光度计的基本原理是溶液中的物质在光的照射激发下，产生了对光吸收的效应。物质对光的吸收是具有选择性的，不同的物质都具有各自的吸收光谱，因此当某单色光通过溶液时，其能量就会被吸收而减弱，光能量减弱的程度和物质的浓度、溶液的厚度有一定的关系，即符合朗伯-比尔定律。

$$T=\frac{I}{I_0}$$

$$\lg\frac{I_0}{I}=Kcl$$

$$A=Kcl$$

式中 T——透射比；

I_0——入射光强度；

I——透射光强度；

A——吸光度；

K——吸收系数；

l——溶液的光径长度；

c——溶液的浓度。

从以上公式可以看出，当入射光、吸收系数和溶液的光径长度不变时，透射光是随溶液的浓度而变化的，分光光度计就是根据上述物理光学现象而设计的。

1.6.2.2 7220 型分光光度计的结构

7220 型分光光度计采用寿命较长的钨（W）灯作光源，由其发出的复合光经聚光镜、滤光片、保护片，会聚在入射狭缝上，入射光被平面反射镜反射到准直镜后变成平行光束，再经光栅色散、准直镜聚集、出射狭缝后，成为单色光。单色光由透镜会聚，透过试样池，到达接收器光电管。光电管将光信号转变为电信号，电信号经放大器放大后，由转换器将模拟信号转换为数字信号，送往单片机处理，处理结果通过显示屏显示出来。使用者则通过键盘输入指令。图 1-32 为操作键盘示意图。

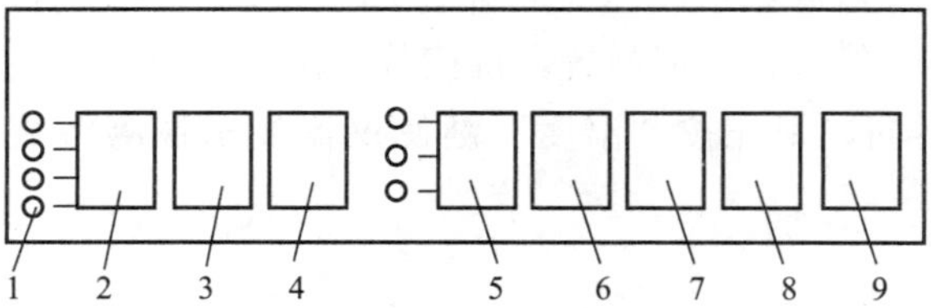

图 1-32　7220 型分光光度计操作键盘

1—功能指示灯；2—方式选择；3—100.0%T；ABS_0；4—0%T；

5—选标样数；6—置数加；7—置数减；8—确认；9—打印

1.6.2.3　使用方法

（1）仪器设置

仪器预热：接通电源，打开电源开关，推开试样室门（改进型不需要打开，直接将试样池拉手推到底即可，此时，光被试样池架挡住），按“方式选择”，使“投射比（即 T）”灯亮，仪器显示数字即表示正常。然后让仪器预热 10min 左右。

（2）测定透射比

调节波长旋钮至所需值，将装有参比溶液的比色皿置于试样池架中（注意：比色皿透明的面朝向入射光，手拿毛玻璃面），关上试样室门。将参比溶液拉至光路中，按“100.0%T”键，使其显示为“100.0”。打开试样室门，看显示屏是否显示 0.00，若不是则按“0%T”键，使其显示为“0.00”。重复此两项操作，直至仪器显示稳定。然后将待测溶液依次拉入光路，读取各溶液的透射比。注意每当改变波长时，都应重新用参比溶液校正透射比“0.00”和“100.0%”。

（3）测定吸光度

在用参比溶液调好“100.0%T”和“0.00T”后（如第 2 步），按“方式选择”键，选择“ABS”，再将待测溶液依次拉入光路，在显示屏上读出各溶液的吸光度。通过测定标准溶液和未知溶液的吸光度，绘制 A-c 工作曲线，根据未知溶液的吸光度可从工作曲线上找出对应的浓度值。作图时应合理选取横坐标与纵坐标数据单位比例，使图形接近正方形，工作曲线位于对角线附近。

（4）浓度直读

在按照步骤（2）用参比溶液调好“100.0%T”和“0.00T”后，按“方式选择”，使“C_0”指示灯亮，将第 1 个标准溶液拉入光路，按“选标样点”至“1”亮，再按“置数加”或者“置数减”使显示屏显示该标准溶液的浓度值（或其整数倍数值），按“确认”。再将第 2 个标准溶液拉入光路中，按“选标样点”至“2”亮，再按“置数加”或者“置数减”使显示屏显示该标准溶液的浓度值（或其同标准溶液 1 的整数倍数值），按“确认”。如此操作，可再将第 3 个标准溶液的浓度输入。然后将待测的未知溶液置于光路中，按“方式选择”，使“conc.”指示灯亮，显示屏即显示此溶液的浓度值（或其整数倍数值）。用这种方法，可在输入 1 个或 2 个标准溶液浓度后测未知溶液浓度。该仪器最多允许设 3 个标准溶液。

(5) 还原仪器

仪器使用完毕，关闭电源，拔下电源插头，取出比色皿，洗净，使仪器复原。然后盖上防尘罩，并进行仪器使用情况登记。

1.6.3 FM-7J 型冰点渗透压计

FM 型冰点渗透压计（图 1-33）是用于测定溶液和各种体液渗透压或渗透物质的量浓度（Osmolality）的仪器。在医学临床上，测定血清或血浆、尿液、胃液、脑脊液、唾液、汗液以及各种代血浆、注射液、透析液、婴儿饮料、电镜固定液、组织细胞培养液和保存液等溶液的渗透压。对于研究水盐代谢平衡，评价肾功能紊乱，监护糖尿病，观察 ADH 内分泌失调，了解创伤、烧伤、休克、大手术后等外科危急病情的变化以及对人工透析、输液疗法的监护和药物（尤其对中草药）的药理分析等，都有着重要意义。

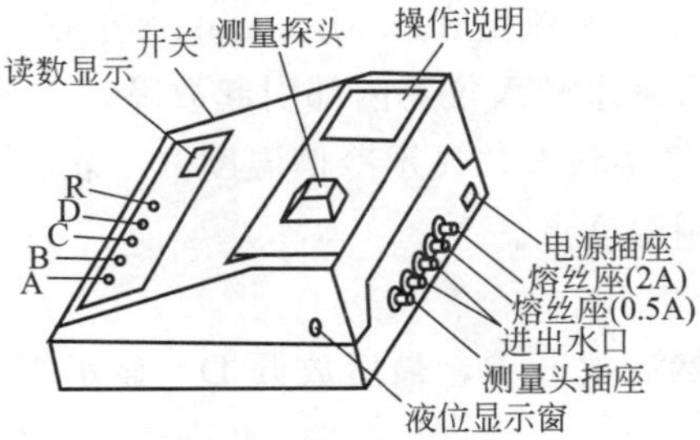

图 1-33　FM-7J 型冰点渗透压计示意图

FM 型渗透压计的工作原理是以冰点下降值与溶液的物质的量浓度成正比例关系为基础，采用高灵敏度的感温元件即半导体热敏电阻测量溶液的结冰点，通过电量转化为渗透压单位（$mOsm \cdot kg^{-1}$）而实现，读作每千克毫渗量。

被测样品的试管置于半导体制冷器中，由不冻液作为传导媒介使试管内的溶液冷却。半导体制冷器则吸收不冻液的热量使其降温，发热则由自来水冷却。

1.6.3.1 测量原理

为测定溶液的冰点温度，首先仪器要有能使样品温度下降的制冷装置，因此仪器有一套半导体制冷装置。不冻液作为冷媒，帮助传热，冷却水散去半导体制冷器热端的热量。同时根据拉乌尔冰点下降原理，为能够达到分辨 1mOsm 的测量精度，仪器还有一套高精度的测温系统；为使液体在过冷后结晶，仪器还有一套过冷引晶装置。

我们已经知道仪器是通过测量溶液的冰点温度下降值来测定渗透压的，要达到能够符合拉乌尔冰点下降原理所直接定义的测温精度的要求，仪器必须通过对已知溶液浓度的测量对自身定标。FM-7J 型冰点渗透压计选择了 $300mOsm \cdot kg^{-1}$ 和 $800mOsm \cdot kg^{-1}$ 两个不同浓度的 NaCl 溶液作为定标液。具体测量过程如下所示。

① 热敏电阻插入被测溶液，测量此溶液的冰点，将温度的变化转换为电信号，经电路处理后以 $mOsm \cdot kg^{-1}$ 为单位直接在仪器面板上显示。

② 半导体制冷器和相应的控制电路将不冻液的温度稳定控制在某一确定值上（如 $-8℃$），试管中的被测溶液在不冻液中温度下降，如果不冻液的温度过高或过低，将产生早冻或不冻现象。

③ 半导体制冷器的发热则由自来水冷却，冷却水进出口在仪器背后，仪器在未接通水源的情况下禁止通电，进水温度不得超过 35℃。

④ 在测量过程中，当样品温度达到冰点时，溶液并不立即发生结冰，在达到过冷温度（−6℃）时，仪器自动产生强振，作 1～2s 的强振，使溶液释放出潜热而相变——液态转化为固态，并逐渐达到平衡点即测量点。

⑤ 振棒的振幅与样品的成果测试有较大的关系，仪器要求振棒在振动时能打到试管壁，打不到管壁可能产生不冻。

⑥ 早冻和不冻都不能显示正常的测量结果。

1.6.3.2 仪器使用前的准备与调试

① 在冷却槽内加入约 40mL 的不冻液，观察仪器右侧的液位观察孔，取一试管置于冷槽，用手推动时可见不冻液的液面有 2～3mm 的波动即可。不冻液不可多加或少加，过多容易溢入仪器内或溢入试管污染被测溶液，过少会延长样品测量时间，甚至会引起不冻。

② 接上水管，打开冷却水，水流量在 $0.5L \cdot min^{-1}$ 左右，水流量太大或水压过高的地方请注意勿使水管脱落引起自来水溅入仪器内部引起故障。

③ 接通电源，仪器进入等待状态，显示冷槽温度（—表示溢出），仪器经过约 20min 的预热，自动平衡在设定的控制温度点。

④ 调整时间

a. 按下 D，再按下 R，然后放开 R，最后放开 D。显示 YYMM，YY 表示年，MM 表示月。

b. 用 D 移位，B 加 1；A 减 1；调整年月后，把小数点放在最后一位上，按 C，显示 MMDD，MM 表示月，DD 表示日。

c. 用 D 移位；B 加 1；A 减 1；调整月日后，把小数点放在最后一位上，按 C，显示 HHMM，HH 表示时，MM 表示分。

d. 用 D 移位，B 加 1；A 减 1；调整时分后，把小数点放在最后一位上，按 C。

e. 时间调整完成后，按 R，退出。

⑤ 调整冷槽温度（一般将冷槽温度设定在−8℃左右）

a. 按下 B，再按下 R，然后放开 R，最后放开 B，显示 L-XX，XX 是原冷槽设定温度。

b. 用 D 移位，B 加 1；A 减 1；调整冷槽设定温度后（小数点必须在 X 和 X 之间），按 C，显示第一位 L 下出现一点，表示冷槽设定温度已存入机内。

c. 按 R，退出。

⑥ 调整测量头温度系数（不推荐用户随意使用，仅在更换热敏电阻后进行）

a. 按下 C，再按下 R，然后放开 R，显示“—”，提示把测量头放入冷槽，最后放开 C 显示 XXTT，XX 是冷槽温度，TT 是内部动态计时，当再显示“—”时，表示调整测量头温度系数工作已完成。（调整自动进行，但需要较长时间）。

b. 按 R，退出。

1.6.3.3 操作步骤

① 仪器的定标

a. 按 C 键，显示 300■，表示定标 $300mOsM \cdot kg^{-1}$（按 D 键可选择定标 $300mOsM \cdot kg^{-1}$ 或 $800mOsM \cdot kg^{-1}$）。

b. 在冷槽中放入定标液试管和测量头。

c. 按B键，样品温度逐渐下降，仪器显示样品温度的变化，在达到强振温度时仪器自动强振，当样品温度的变化达到所定义的渗透压值时仪器显示300E（或800E），表示定标完成。

d. 如要长期保存定标结果，按C键，显示300P（或800P），表示定标值已存入机内。

e. 按D键，可继续定标。如要退出定标，再按A键，显示■E■■，表示已退出定标，仪器显示将切换到冷槽温度。

f. 在定标过程中按A键，仪器可显示冷槽温度。

② 样品的测量

a. 按D键显示H■■■。

b. 放入被测样品试管和测量头。

c. 按B键，仪器显示样品温度的变化过程，在达到自动强振的温度时仪器自动强振，稍候即显示被测样品的渗透压值，在仪器显示渗透压值后即可取出测量头和试管。

d. 测量完成后按A键，仪器返回等待状态。

e. 在测量过程中按C键仪器可显示冷槽温度。

③ 仪器在等待状态，按B键显示当前日期，按A键显示当前时间。

④ 电网电压的不稳定可能会干扰影响仪器程序的运行，如发生显示长时间不动，可能发生死机，可按R键，使仪器返回等待状态。

1.6.3.4 注意事项

① 早冻　早冻即在尚未强振前样品已自行冻结。从样品早冻温度曲线可见，在样品温度连续下降过程中，样品在其固有的结冰点温度附近徘徊，这一现象在面板显示上也可看到。发生早冻的原因大致有以下几种。

a. 冷槽中不冻液温度偏低，或被测样品的渗透压太低，需重新设定冷槽温度。

b. 试管不清洁或有杂质，在做重复测试时，前次测试结束后如未将冰化完便再次测试就会引起早冻。

c. 仪器在有振动的环境下测试样品也容易引起早冻。

② 不冻　不冻即在强振后样品不能冻结。这一现象在面板上的显示为溢出标志（—）。发生不冻的原因大致有以下几种。

a. 冷槽中不冻液温度偏高，或被测样品渗透压太高。需重新设定冷槽温度或需稀释被测样品。

b. 强振幅度太小，振棒在振动过程中打不到试管壁，由此需要通过调整扳动振棒，使其能够达到要求。

c. 被测样品如有气泡也会产生不冻。

③ 仪器在搬动过程中必须抽出不冻液。关机停用时在冷槽内置一个空试管。

1.6.4 贝克曼温度计

贝克曼（Beckmann）温度计是精密测量温度差值的温度计，其构造如图1-34所示。水银球与贮汞槽由均匀的毛细管连通，其中除水银外是真空。刻度尺上的刻度一般只有5℃或6℃，最小刻度为0.01，可以估计到0.001℃。贮汞槽是用来调节水银球内的水银量的。借助贮汞槽调节，可用于测量介质温度在－20～＋155℃范围内变化不超过5℃或6℃的温度差。贮汞槽背后的温度标尺只是粗略地表示温度数值，即贮汞槽中的水银与水银球中的水银相连时，贮汞槽中水银面所在的刻度就表示温度的粗略值。因为水银球中的水银量是可以调节的，因此贝克曼温度计不能用来准确测量温度的绝对值。例如，刻度尺上1℃并不一定是1℃，可能代表5℃、74℃等。贝克曼温度计由薄玻璃制成，比一般水银温度计长得多，易受损坏，破损后贮汞槽中的大量汞暴露于空气中易造成污染。数字贝克曼温度计逐渐代替了传统的贝克曼温度计，数字贝克曼温度计用温感探头代替原来的水银温度计，在电子显示屏上直接显示温度值，易于操作。

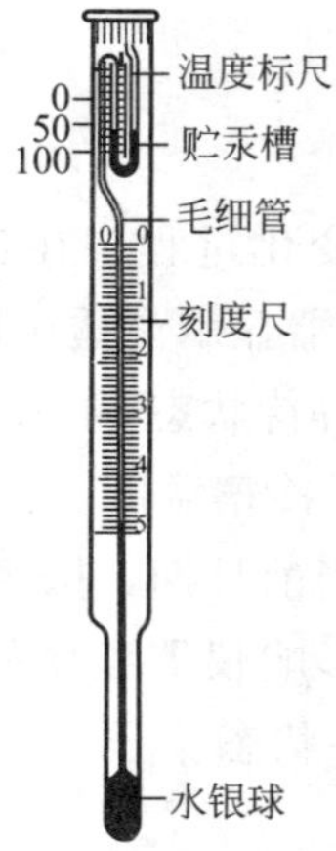

图 1-34　贝克曼温度计

第2章 基础实验

实验1 电子天平称量练习

【实验目的】

1. 熟悉电子天平的原理和使用规则。
2. 学习电子天平的基本操作和常用称量方法。

【实验原理】

电子天平的称量原理参见本教材第1章1.4节称量。

【主要仪器及试剂】

电子天平、表面皿、称量瓶、烧杯（50mL）、药匙、石英砂或 $K_2Cr_2O_7$ 粉末试样。

【实验步骤】

1. 固定质量称量（称取0.5000g石英砂或 $K_2Cr_2O_7$ 粉末试样3份）

使用电子天平之前，调节水平并用专用的天平刷清理称量盘。再打开电子天平，待其显示数字后将洁净、干燥的表面皿或小烧杯放置称量盘上（注意：拿称量器皿时手不要直接接触，可垫上滤纸条或者戴手套拿，尽量将其放在天平称量盘的中央，以使天平受力均匀。下同），关好天平门。然后按自动清零键（即TAR键），等待天平显示0.0000g。若显示其他数字，可再次按清零键，使其显示0.0000g。

打开天平门，用药匙将试样慢慢加到表面皿或小烧杯的中央，直到天平显示0.5000g。然后关好天平门，看读数是否仍然为0.5000g。若小于该值，可继续加试样；若显示的数超过该值，则需重新称量。称完1份后，可将试样倒入回收瓶中（也可不倒，直接以此为起点继续进行称量练习），再进行第2次及第3次称量。每次称好后均应及时记录称量数据。

2. 递减称量（称取 0.30～0.32g 试样 3 份）

按电子天平清零键，使其显示 0.0000g，取一只洁净、干燥的称量瓶，向其中加入约五分之一体积的试样（可根据称量次数估计取试样的量），盖好盖。然后将其置于天平称量盘上，关好天平门，按清零键，使其显示 0.0000g。取出称量瓶，将部分试样轻敲至小烧杯中，再称量，看天平读数是否在－0.32～－0.30g 范围内。若不在此范围内，则继续敲出，直至读数在此范围内，并记录数据。若敲出量超过 0.32g，则需重新称量。重复上述操作，称取第 2 份及第 3 份试样。

每次递减时，可根据称量瓶中试样的量或前一次所称试样的体积来判断敲出多少试样较合适，这样有助提高称量速度。

称量结束，整理好天平，关闭电源。在使用登记本上登记使用情况。

【思考讨论题】

1. 用电子天平称量的方法有哪几种？固定质量称量法和递减称量法各有何优缺点？
2. 在什么情况下选用这两种方法？
3. 称量时，应尽量将物体放在天平称量盘的中央，为什么？
4. 使用称量瓶时，如何操作才能保证不损失试样？

【数据记录及结果处理】

数据记录于表 1-1 和表 1-2。

表 1-1　固定质量称量

编号	1	2	3
m/g			

表 1-2　递减称量

编号	1	2	3
m/g			

实验 2

酸碱标准溶液的配制、浓度的比较和标定

【实验目的】

1. 熟悉容量分析仪器的洗涤和正确使用方法。
2. 了解酸碱滴定法的基本原理。
3. 掌握用基准物质标定溶液浓度的方法。
4. 学会正确判断滴定终点，掌握滴定操作技术。

【实验原理】

酸碱滴定法常用的标准溶液是 HCl 和 NaOH 溶液，由于浓盐酸易挥发放出 HCl 气体，氢氧化钠易吸收空气中的水分和 CO_2，故不宜直接配成准确浓度的溶液，一般先配成近似浓度，然后再用基准物质进行标定。

酸碱反应的实质是 $H^+ + OH^- \!=\!=\!= H_2O$，当 HCl 和 NaOH 反应完全时：

$$n(\mathrm{HCl})=n(\mathrm{NaOH})$$

本实验先配成近似 $0.1\mathrm{mol\cdot L^{-1}}$ HCl 溶液和 $0.1\mathrm{mol\cdot L^{-1}}$ NaOH 溶液，再进行酸碱溶液浓度的比较滴定，反应达到化学计量点时：

$$c(\mathrm{HCl})\times V(\mathrm{HCl})=c(\mathrm{NaOH})\times V(\mathrm{NaOH})$$

$$\frac{c(\mathrm{NaOH})}{c(\mathrm{HCl})}=\frac{V(\mathrm{HCl})}{V(\mathrm{NaOH})}$$

此式表明，通过酸碱溶液的比较滴定，可以准确测出酸碱溶液的体积比，如果已知 NaOH 溶液的浓度，即可由上式计算出 HCl 溶液的准确浓度。

标定强酸溶液可以用无水碳酸钠（Na_2CO_3）、硼砂（$Na_2B_4O_7\cdot 10H_2O$）等基准物质或已知准确浓度的强碱溶液。标定强碱溶液可用草酸（$H_2C_2O_4\cdot 2H_2O$）、邻苯二甲酸氢钾（$KHC_8H_4O_4$）等基准物质或已知准确浓度的强酸溶液。

本实验选用邻苯二甲酸氢钾作基准物质标定 NaOH 溶液，然后计算出 HCl 溶液的准确浓度。反应如下：

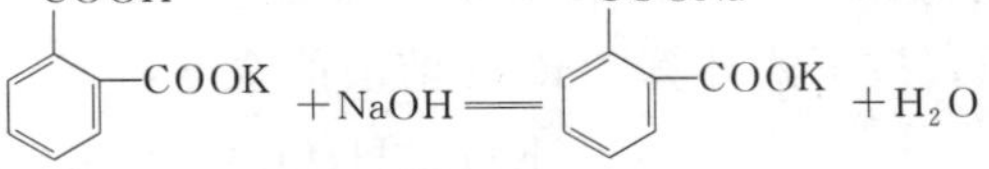

至反应计量点时，溶液呈弱碱性，用酚酞作指示剂。

【主要仪器及试剂】

电子天平、酸式滴定管（50mL）、碱式滴定管（50mL）、滴定台、锥形瓶（250mL）、烧杯（50mL）、量筒（10mL、100mL）、试剂瓶（500mL）、洗瓶、电子天平、玻棒、表面皿。

浓盐酸（AR）、NaOH（固体，AR）、邻苯二甲酸氢钾（基准物质）、甲基橙指示剂、酚酞指示剂。

【实验步骤】

1. 仔细阅读第1章1.5节滴定分析仪器及其基本操作。

2. 标准溶液的配制

（1）$0.1mol \cdot L^{-1}$ HCl溶液　计算配制$0.1mol \cdot L^{-1}$ HCl溶液500mL所需要浓盐酸的体积，用10mL量筒量取计算量的浓盐酸，倒入洁净的500mL具玻璃塞玻璃试剂瓶中，加蒸馏水至500mL，盖上瓶塞，充分摇匀，贴上标签（注明试剂名称、浓度、班级、姓名及配制日期）备用。

（2）$0.1mol \cdot L^{-1}$ NaOH溶液　在电子天平上用表面皿称取2.2～2.6g的NaOH置于小烧杯中，加蒸馏水约10mL，摇动一次立即将水倾出（溶出其表面上的Na_2CO_3），再加蒸馏水使NaOH溶解后，定量转移到500mL具橡皮塞或软木塞的试剂瓶中，用蒸馏水稀释至500mL，盖上瓶塞，充分摇匀，贴上标签（注明试剂名称、浓度、班级、姓名及配制日期）备用。

3. 酸碱标准溶液浓度的比较

（1）取酸式和碱式滴定管各1支，洗净，经检查不漏水后，分别用所配制的$0.1mol \cdot L^{-1}$ HCl和NaOH溶液润洗2～3次，再装满酸碱标准溶液，赶去尖端气泡，调节滴定管内溶液的弯月面至“0”或稍低于“0”刻度处，静置片刻，准确记录最初读数（准确至小数点后第二位）。

（2）从碱式滴定管中放出$0.1mol \cdot L^{-1}$ NaOH溶液20～25mL于洁净的250mL锥形瓶中，加入甲基橙指示剂1～2滴，摇匀。由酸式滴定管将$0.1mol \cdot L^{-1}$ HCl溶液逐滴滴入锥形瓶中，边滴边摇锥形瓶，将近终点时，用洗瓶中的蒸馏水淋洗锥形瓶内壁，把滴定过程中附着在内壁上的溶液冲下，继续逐滴滴定至橙色，即为终点。继续滴入少量HCl溶液，溶液由橙色又变为红色。再从碱式滴定管逐滴滴入NaOH溶液，使溶液再由红色变为橙色，注意观察终点。如此反复练习滴定操作和终点的观察。最后准确读取所用的HCl和NaOH溶液体积的最终读数，并求出HCl溶液和NaOH溶液的体积比。平行测定3份，计算平均结果和相对平均偏差，要求相对平均偏差小于0.5%。

4. NaOH溶液浓度的标定和HCl溶液浓度的计算

（1）NaOH溶液浓度的标定　在分析天平上用减量法准确称取0.4～0.6g邻苯二甲酸氢钾2～3份，分别放入已编号的洁净的250mL锥形瓶中，加20～30mL蒸馏水溶解后，加入酚酞指示剂1～2滴，用待标定的NaOH滴定至微红色，30s不褪色即为终点。准确记录所消耗NaOH溶液的体积，按下式计算NaOH溶液的浓度：

$$c(\mathrm{NaOH})=\frac{m(\mathrm{KHC_8H_4O_4})\times 1000}{M(\mathrm{KHC_8H_4O_4})\times V(\mathrm{NaOH})}$$

计算平均结果和相对平均偏差，要求相对平均偏差小于0.5%。

（2）HCl溶液浓度的计算　由步骤3中所得体积比和上述标定NaOH浓度，按照下式计算HCl溶液的浓度：

$$c(\mathrm{HCl})=\frac{V(\mathrm{NaOH})}{V(\mathrm{HCl})}\times c(\mathrm{NaOH})$$

最后，将所得 HCl、NaOH 溶液的准确浓度标于溶液试剂瓶标签上。

【思考讨论题】

1. 滴定管在使用时都要用待装的溶液洗涤 2～3 次，锥形瓶是否要洗涤？为什么？

2. 在 NaOH 溶液的标定中，可选择甲基橙作指示剂吗？为什么？

3. 下列情况对实验结果有无影响？

(1) 滴定完毕，滴定管的尖端留有液滴或尖端内壁产生了气泡。

(2) 在滴定过程中，往锥形瓶中淋洗了少量的蒸馏水。

(3) 滴定过程中，滴定的速度很快而且达到滴定终点，就立即读数。

【数据记录及结果处理】

数据记录于表 2-1 和表 2-2。

表 2-1　酸碱标准溶液浓度的比较

测定序号	1	2	3
HCl 溶液的用量/mL			
NaOH 溶液的用量/mL			
$V(HCl)/V(NaOH)$值			
$V(HCl)/V(NaOH)$平均值			
相对偏差/%			
相对平均偏差/%			

表 2-2　NaOH 溶液浓度的标定和 HCl 溶液浓度的计算

测定序号	1	2	3
$KHC_8H_4O_4$ 的质量/g			
NaOH 溶液的体积/mL			
NaOH 溶液的浓度/$mol \cdot L^{-1}$			
NaOH 溶液的浓度平均值/$mol \cdot L^{-1}$			
相对偏差/%			
相对平均偏差/%			
HCl 溶液的浓度/$mol \cdot L^{-1}$			

实验3
硫酸亚铁铵的制备

【实验目的】

1. 了解制备复盐的一般方法。
2. 练习水浴加热、蒸发、结晶、常压过滤和减压过滤等基本操作。
3. 了解吸量管和比色管的使用，熟悉目视比色法检验产品中微量杂质的分析法。

【实验原理】

铁能溶于稀硫酸生成硫酸亚铁：

$$Fe + H_2SO_4(稀) \xlongequal{} FeSO_4 + H_2\uparrow$$

通常亚铁盐在空气中容易被氧化，例如 $FeSO_4$ 在中性溶液中能被溶于水中的少量氧气氧化并水解，甚至析出棕黄色的碱式硫酸铁或氢氧化铁沉淀，若在 $FeSO_4$ 溶液加入等物质的量的 $(NH_4)_2SO_4$，制得混合溶液，然后加热蒸发浓缩，冷至室温，即能析出浅蓝绿色复盐硫酸亚铁铵 $FeSO_4 \cdot (NH_4)_2SO_4 \cdot 6H_2O$ 的晶体。反应如下：

$$FeSO_4 + (NH_4)_2SO_4 + 6H_2O \xlongequal{} FeSO_4 \cdot (NH_4)_2SO_4 \cdot 6H_2O$$

复盐硫酸亚铁铵六水合物晶体则比较稳定，不容易被空气氧化，该晶体称为摩尔盐，在分析化学中 $FeSO_4 \cdot (NH_4)_2SO_4 \cdot 6H_2O$ 被选作氧化还原滴定法的一级标准物质，用于配制亚铁离子标准溶液。如果溶液的酸性减弱，则亚铁盐的水解度将会增大，在制备 $FeSO_4 \cdot (NH_4)_2SO_4 \cdot 6H_2O$ 的过程中，为了使 Fe^{2+} 不被氧化和水解，溶液需要保持足够的酸度。

【主要仪器及试剂】

电子天平、水浴锅、水泵、蒸发皿、布氏漏斗、滤纸、吸滤瓶、电炉、石棉网、锥形瓶(250mL)、量筒（50mL、10mL)、容量瓶（100mL)、玻璃漏斗、烧杯（250mL)、比色管(25mL)、吸量管（1mL、2mL、5mL)、pH 试纸。

$1mol \cdot L^{-1}$（10.6%）Na_2CO_3、$3mol \cdot L^{-1}$ H_2SO_4、$(NH_4)_2SO_4$（固）、$1mol \cdot L^{-1}$ KSCN、95%乙醇、去氧蒸馏水、铁片或铁屑、$2mol \cdot L^{-1}$ $Cu(NO_3)_2$、冰块、$0.1g \cdot L^{-1}$ Fe^{3+} 标准溶液［准确称取 0.8634g 的 $NH_4Fe(SO_4)_2 \cdot 12H_2O$ 溶于水中，加入浓硫酸 2.5mL，定量转移到 1000mL 容量瓶中，用水稀释至刻度，充分摇匀］。

【实验步骤】

1. 硫酸亚铁的制备

方法一：用电子天平称取 4g 铁片或铁屑，放入 250mL 锥形瓶中，加入 $1mol \cdot L^{-1}$ Na_2CO_3 溶液 20mL，放在电炉上加热煮沸，用倾滗法倾出碱液，用蒸馏水把碎铁片或铁屑洗至中性。

在盛有处理过的碎铁片或铁屑的锥形瓶中，加入 20mL 3mol·L^{-1} H_2SO_4 溶液，在 80℃水浴中加热，使 Fe 与 H_2SO_4 充分反应，在加热过程中注意补充蒸发掉的水分，防止 $FeSO_4$ 结晶。待反应速度明显减慢（无气泡冒出，大约需 30min），趁热减压过滤，滤液盛接于蒸发皿中，用少量热蒸馏水洗涤滤纸上的固体，用 2mL 3mol·L^{-1} H_2SO_4 洗涤未反应完的 Fe 和残渣，洗涤液合并至反应液中。未反应完的铁片用碎滤纸吸干后称重，计算已参加反应的 Fe 的质量。

方法二：称取 2g 铁粉置于 250mL 锥形瓶中，加入 3mol·$L^{-1}$$H_2SO_4$ 溶液 20mL，放在水浴中或电炉上小火加热（80℃左右），加热过程中应注意补充蒸发掉的水分，保持溶液体积基本不变。直至反应基本无气泡冒出时（约 30min），趁热过滤，滤液盛接于蒸发皿中，用少量热蒸馏水洗涤锥形瓶和滤纸上的残渣，并保持滤液的 pH 值在 1.0 左右。根据反应中加入的铁粉的量，计量出 $FeSO_4$ 的理论产量。

2. 硫酸亚铁铵的制备

根据反应中消耗 Fe 的质量或者生成 $FeSO_4$ 的理论产量，大约按照 $FeSO_4$ 与 $(NH_4)_2SO_4$ 的质量比为 1∶0.8 计算制备 $FeSO_4 \cdot (NH_4)_2SO_4 \cdot 6H_2O$ 所需 $(NH_4)_2SO_4$ 的理论量，将其配成饱和溶液加到 $FeSO_4$ 溶液中，混合均匀，并用 3mol·L^{-1} H_2SO_4 溶液调节混合溶液的 pH 值为 1.0～2.0，将该溶液置于水浴中或小火加热蒸发至溶液表面出现晶膜为止（蒸发、浓缩过程不宜搅拌）。静置使其自然冷却至室温，得到浅蓝绿色的 $FeSO_4 \cdot (NH_4)_2SO_4 \cdot 6H_2O$ 晶体。减压过滤，再用少量 95% 乙醇淋洗晶体两次，将液体尽量抽干，然后用滤纸吸干晶体，再转移到表面皿上，称重，计算产率。

3. Fe^{3+} 的限量检查

(1) Fe^{3+} 标准溶液的配制　依次取 0.1g·L^{-1} Fe^{3+} 的标准溶液 0.50mL、1.00mL、2.00mL，分别置于 25mL 比色管中，各加 1.00mL 3mol·L^{-1} H_2SO_4 和 1.00mL 1mol·L^{-1} KSCN 溶液，用蒸馏水稀释至刻度，摇匀。三只比色管中分别含 Fe^{3+} 0.05mg（Ⅰ级试剂）、0.10mg（Ⅱ级试剂）、0.20mg（Ⅲ级试剂）。

(2) Fe^{3+} 的限量检查　称 1.00g 产品，放入 25mL 比色管中，加 15.00mL 去氧蒸馏水溶解。加入 1.00mL 3mol·L^{-1} H_2SO_4 和 1.00mL 1mol·L^{-1} KSCN 溶液，加入去氧蒸馏水至刻度，摇匀，与标准溶液进行比较，根据目视比色的结果，确定产品中 Fe^{3+} 含量所对应的级别。

附注：

1. 铁屑反应时应全部浸没在 20mL 3mol·L^{-1} H_2SO_4 溶液中，同时不要剧烈摇动锥形瓶，以防止铁暴露在空气中氧化。

2. 去氧蒸馏水的制备　取一定的蒸馏水于锥形瓶中，小火加热煮沸约 10min 使用。

【思考讨论题】

1. 制备硫酸亚铁铵时，溶液为什么必须保持较强的酸性？
2. 能否将最后产物 $FeSO_4 \cdot (NH_4)_2SO_4 \cdot 6H_2O$ 直接在蒸发皿内加热、干燥？为什么？
3. 检验产品 Fe^{3+} 含量时，为什么要用去氧蒸馏水溶解样品？

【数据记录及处理结果】

数据记录于表 3-1 和表 3-2。

表 3-1　硫酸亚铁铵产出率及误差分析

样品量 $m(Fe)/g$	反应消耗量 $m(Fe)/g$	试剂用量 $m[(NH_4)_2SO_4]/g$	$FeSO_4 \cdot (NH_4)_2SO_4 \cdot 6H_2O$		$w/\%$
			$m_{理}/g$	$m_{实}/g$	
误差原因分析					

表 3-2　硫酸亚铁铵的检验及目视比色法级别分析

Fe^{3+}标准溶液级别	1	2	3
Fe^{3+}标准溶液浓度/$mg \cdot L^{-1}$			
Fe^{3+}标准溶液颜色			
产品溶液颜色			
结论			

实验4

由粗食盐制备试剂级氯化钠

【实验目的】

1. 通过粗食盐提纯，了解盐类溶解度知识在无机物提纯中的应用，学习中间控制检验方法。

2. 练习有关的基本操作：离心、过滤、蒸发、pH试纸的使用、无水盐的干燥等。

3. 学习用目视比浊法进行限量分析。

【实验原理】

生理学或临床上常用的生理盐水（Normal Saline，NS）指浓度为0.9%的氯化钠水溶液。生理盐水因与血液具有相等的渗透压，钠的含量也与血浆相近，因而在临床上用于补液和伤口洗涤，同时还有杀菌和消毒的功效。生理盐水的配制是利用医用级的NaCl与水配成所需浓度的溶液，然后将溶液消毒杀菌即可使用。

氯化钠（NaCl）由粗食盐提纯而得。一般粗盐中含有泥沙等不溶性杂质及SO_4^{2-}、Ca^{2+}、Mg^{2+}和K^+等可溶性杂质。氯化钠的溶解度随温度的变化很小，不能用重结晶的方法纯化，而需用化学法处理，使可溶性杂质都转化成难溶物，过滤除去。此方法的原理是：利用稍过量的氯化钡与氯化钠中的SO_4^{2-}反应转化为难溶的硫酸钡；再加碳酸钠与Ca^{2+}、Mg^{2+}以及没有转变为硫酸钡的Ba^{2+}，生成碳酸盐沉淀，过量的碳酸钠会使产品呈碱性，将沉淀过滤后加盐酸除去过量的CO_3^{2-}，有关化学反应式如下：

$$Ba^{2+} + SO_4^{2-} = BaSO_4 \downarrow$$

$$Ca^{2+} + CO_3^{2-} = CaCO_3 \downarrow$$

$$2Mg^{2+} + 2OH^- + CO_3^{2-} = Mg_2(OH)_2CO_3 \downarrow$$

$$CO_3^{2-} + 2H^+ = CO_2 \uparrow + H_2O$$

至于用沉淀剂不能除去的其他可溶性杂质，如K^+，在最后的浓缩结晶过程中，绝大部分仍留在母液内，而与氯化钠晶体分开，少量多余的盐酸，在干燥氯化钠时，以氯化氢形式逸出。

附注：

1. 在提纯过程中，取少量清液，滴加适量指示剂，以检查某种杂质是否除尽，这种做法称为“中间控制检验”。

2. “限量分析”的定义：将成品溶液与标准溶液进行比色或比浊，以确定杂质含量范围。如果成品溶液的颜色或浊度不深于标准溶液，则杂质含量低于某一规定的限度，这种分析方法称为限量分析。

【主要仪器及试剂】

电子天平、电炉、离心机、离心管、吸滤瓶、布氏漏斗、水泵、烧杯（100mL、250mL）、漏斗、玻璃棒、蒸发皿（无柄、有柄）、滤纸、石棉网、pH试纸。

粗食盐、0.5mol·L^{-1} $BaCl_2$、0.5mol·L^{-1} Na_2CO_3、2mol·L^{-1} HCl 1%淀粉溶液、0.1000mol·L^{-1} $AgNO_3$、1%酚酞指示剂、荧光素指示剂。

【实验步骤】

1. 盐的溶解

称取10.0g粗食盐，加蒸馏水40mL。加热搅拌使盐溶解，用常压过滤除去溶液中的少量不溶性杂质。

2. 化学处理

(1) 除去SO_4^{2-}　将除去不溶物的食盐溶液加热至沸，用小火维持微沸。边搅拌边逐滴加入0.5mol·L^{-1} $BaCl_2$溶液，要求将溶液中全部的SO_4^{2-}都变成$BaSO_4$沉淀，记录所用$BaCl_2$溶液的量。因$BaCl_2$的用量随食盐来源不同而异，应通过实验确定最少用量。否则，为了除去有毒的Ba^{2+}，要浪费试剂和时间，因此，需要进行中间控制检验，其方法如下：

取离心管两支，各加入约2mL溶液，离心沉降后，沿其中一支离心管的管壁滴入3滴$BaCl_2$溶液，另一支留作比较。如无浑浊产生，说明已沉淀完全，若清液变浑，需要再往烧杯中加适量的$BaCl_2$溶液，并将溶液煮沸。如此操作，反复检验、处理，直至沉淀完全为止。检验液未加其他药品，观察后可倒回原溶液中。

常压过滤，过滤时，不溶性杂质及$BaSO_4$沉淀尽量不要倒到漏斗中。

(2) 除去Ca^{2+}、Mg^{2+}、Ba^{2+}　将滤液加热至沸，用小火维持微沸。边搅拌边逐滴加入0.5mol·L^{-1} Na_2CO_3溶液（如上法，通过实验确定用量），Ca^{2+}、Mg^{2+}、Ba^{2+}转变为难溶的碳酸盐或碱式碳酸盐沉淀。

确定Ca^{2+}、Mg^{2+}、Ba^{2+}已沉淀完全后，进行第二次常压过滤（用蒸发皿收集滤液）。记录Na_2CO_3溶液的用量。整个过程中，应随时补充蒸馏水，维持原体积，以免NaCl析出。

(3) 除去多余的CO_3^{2-}　向滤液中滴加2mol·L^{-1}盐酸，搅拌均匀，使溶液的pH值为3～4，记录所用盐酸的体积。溶液经蒸发后，转化为CO_2逸出。

3. 蒸发、干燥

(1) 蒸发浓缩，析出纯NaCl　将用盐酸处理后的溶液蒸发，当液面出现晶体时，改用小火并不断搅拌，以免溶液溅出。蒸发后期，再检查溶液的pH值（此时暂时移开电炉），必要时，可加1～2滴2mol·L^{-1}盐酸，保持溶液微酸性（pH值约为6）。当溶液蒸发至稀糊状时（切勿蒸干！）停止加热。冷却后，减压过滤，尽量将NaCl晶体抽干。

(2) 干燥　将NaCl晶体放入有柄蒸发皿中，在石棉网上用小火烘炒，不停地用玻璃棒翻动，以防结块。待无水蒸气逸出后，再用大火烘炒数分钟。得到的NaCl晶体应是洁白、松散的。待样品冷却后在电子天平上称重，计算收率。

4. 产品检验　根据中华人民共和国国家标准（简称国标）GB/T 1266—2006，试剂级氯化钠的技术条件为：①分子量为58.44；②试剂为无色结晶，溶于水，几乎不溶于乙醇。试剂级氯化钠的技术条件见表4-1。

表4-1　杂质最高含量标准

名称	优级纯(GR)	分析纯(AR)	化学纯(CP)
氯化钠(NaCl)，w%	0.1	0.2	0.5
pH值(50g/L，25℃)	5.0～8.0	5.0～8.0	5.0～8.0

（1）氯化钠含量的测定　用减量法称取 0.15g 干燥恒重的样品，称准至 0.0002g，溶于 70mL 水中，加 10mL 1%的淀粉溶液，在摇动下用 $0.1000mol \cdot L^{-1}$ $AgNO_3$ 标准溶液避光滴定，接近终点时，加 3 滴 0.5%的荧光素指示剂，继续滴定至乳液呈粉红色。

（2）水溶液反应　称取 5g 样品，称准至 0.01g，溶于 50mL 不含二氧化碳的水中，加 2 滴 1%酚酞指示剂，溶液应无色，加 0.05mL $0.10mol \cdot L^{-1}$ 氢氧化钠溶液，溶液呈粉红色。

（3）用比浊法检验 SO_4^{2-} 的含量　在小烧杯中称取 3.0g 产品，用少量蒸馏水溶解，完全转移到 25mL 比色管中，再加 3mL $2mol \cdot L^{-1}$ 盐酸和 3mL $0.5moL \cdot L^{-1}$ 的 $BaCl_2$ 溶液，加蒸馏水稀释至刻度，摇匀，静置 5min 后与标准溶液进行比浊。根据溶液产生浑浊的程度，确定产品中杂质含量所达到的等级。标准溶液见表 4-2，比浊时摇匀，将自制溶液与标准溶液进行浑浊度比较，以确定样品的等级。

表 4-2　试剂级氯化钠比浊用标准溶液杂质含量

规格	一级	二级	三级
含量/%	0.3	0.6	1.5

比色或比浊时应注意以下几点：

① 待测溶液与标准溶液产生颜色或浊度的实验条件要一致；

② 所用比色管的玻璃质料、形状、大小要一样，比色管上指示溶液体积的刻度位置要相同；

③ 比色时，将比色管的塞子打开，从管口垂直向下观察，这样观察液层比从比色管侧面观察的液层要厚得多，能提高观察的灵敏度。

【思考讨论题】

1. 人体用生理盐水的浓度为多少？如需用 100mL 水配制人体用生理盐水，其具体配制方法如何？生理盐水中除加入 NaCl 外，还用哪些配方？

2. 盐的溶解步骤的水量过多或过少有何影响？

3. 为什么选用 $BaCl_2$、Na_2CO_3 作沉淀剂？为什么除去 CO_3^{2-} 要用 HCl 而不用其他强酸？

4. 为什么先加 $BaCl_2$ 后加 Na_2CO_3？为什么要将 $BaSO_4$ 除掉才加 Na_2CO_3？什么情况下 $BaSO_4$ 会转化为 $BaCO_3$？

【数据记录及处理结果】

数据记录于表 4-3。

表 4-3　由粗食盐制备试剂级氯化钠

记录项目	数据记录
粗盐的质量/g	
所用 $0.5mol \cdot L^{-1}$ $BaCl_2$ 溶液体积/mL	
所用 $0.5mol \cdot L^{-1}$ $NaCO_3$ 溶液体积/mL	
所用 $2mol \cdot L^{-1}$ HCl 溶液体积/mL	
NaCl 晶体的质量/g	
收率/%	
样品等级	

实验 5
凝固点降低法测定分子量

【实验目的】

1. 加深对稀溶液依数性的理解。
2. 熟悉凝固点降低法测定非电解质——葡萄糖分子量的原理和方法。

【实验原理】

物质的分子量是一个重要常数，其测定方法有许多种。凝固点降低法测定物质的分子量是一个简单且比较准确的测定方法，在实验和溶液理论的研究方面都具有重要意义。

当稀溶液冷却凝固析出纯固体溶剂时，溶液的凝固点低于纯溶剂的凝固点，其降低值与溶液的质量摩尔浓度成正比，即

$$\Delta T_f = T_f^0 - T_f = K_f b_B \tag{1}$$

式中，T_f^0 为纯溶剂的凝固点；T_f 为溶液的凝固点；b_B 为溶液中溶质 B 的质量摩尔浓度；K_f 为溶剂的质量摩尔凝固点降低常数，它的数值仅与溶剂的性质有关。表 5-1 给出了部分溶剂的凝固点降低常数值。

表 5-1　几种溶剂的凝固点降低常数值

溶剂	水	醋酸	苯	环己烷	环己醇	三溴甲烷	萘
T_f^0/K	273.15	289.75	278.65	279.65	297.05	280.95	383.5
K_f/(K·kg·mol^{-1})	1.86	3.90	5.12	20	39.3	14.4	6.9

若称取一定量的溶质 m_B(g) 和溶剂 m_A(g)，配成稀溶液，则此溶液的质量摩尔浓度 b_B 为：

$$b_B = \frac{m_B}{M_B m_A} \times 10^3 \tag{2}$$

式中，M_B 为溶质的摩尔质量。将式(2) 代入式(1)，整理得：

$$M_B = K_f \frac{m_B}{\Delta T_f \times m_A} \times 10^3 \tag{3}$$

若已知某溶剂的凝固点降低常数 K_f 值，通过实验测定此溶液的凝固点降低值 ΔT，即可计算溶质的分子量 M_B。凝固点降低常数 K_f 值可从各种化学手册查找。

本实验的关键之一是准确测定溶液凝固点的变化（ΔT）。通常测凝固点的方法是将溶液逐渐冷却，但冷却到凝固点并不析出晶体，往往成为过冷溶液。然后通过搅拌或加入晶种促使溶剂结晶，由于结晶放出凝固热，体系温度回升，当放热与散热达到平衡时，温度不再改变。此固液两相共存的平衡温度即为溶液的凝固点。但过冷太厉害或制冷剂温度过低，则凝固热抵偿不了散热，此时温度不能回升到凝固点，在温度低于凝固点时完全凝固，就得不到

正确的凝固点。因此，在测定过程中必须设法控制过冷程度。通常情况下，通过调节制冷剂的温度和搅拌速度等方法使制冷剂温度不低于溶液凝固点温度 0.2～0.5℃。

对于溶液而言，除温度外，还有溶液浓度的影响。当溶液凝固温度回升时，由于不断析出溶剂晶体，所以溶液的浓度逐渐增大，凝固点也逐渐降低。因此，溶液温度回升后，没有一个相对恒定的阶段，而只能把回升的最高温度作为凝固点。图 5-1 是测定水和溶液凝固点的冷却曲线图。曲线（a）是实验条件下水的冷却曲线，因为实验不可能理想地无限慢冷却，而是较快速强制冷却，在温度降到了 T_f^0 时不凝固，出现过冷现象。一旦固相出现，凝固热使温度又回升而出现平台，这个平台对应的温度是实测的溶剂凝固点。曲线（b）是溶液的冷却曲线。与曲线（a）不同，当温度冷却到 T_f 以下，溶液中的水才开始结冰，随着冰的析出，溶液浓度不断增大，溶液的凝固点也不断下降，所以冷却曲线不会出现水平线段。到达 T_f 时不凝固，出现过冷，适当的过冷使溶液凝固点的观察变得容易，降到 T_f 以下又回升到最高点，对应的温度就是实验测得的溶液凝固点。严格意义上说，回升的最高温度不是原浓度溶液的凝固点，科学的做法应作冷却曲线，并按图 5-1(b) 中所示方法加以校正。但由于冷却曲线不易测出，而真正的平衡浓度又难于直接测定，实验采用稀溶液，通过控制冷却剂温度和调节搅拌速度防止严重过冷，使其晶体析出量很少，以起始浓度代替平衡浓度，对测定结果不会产生显著影响。

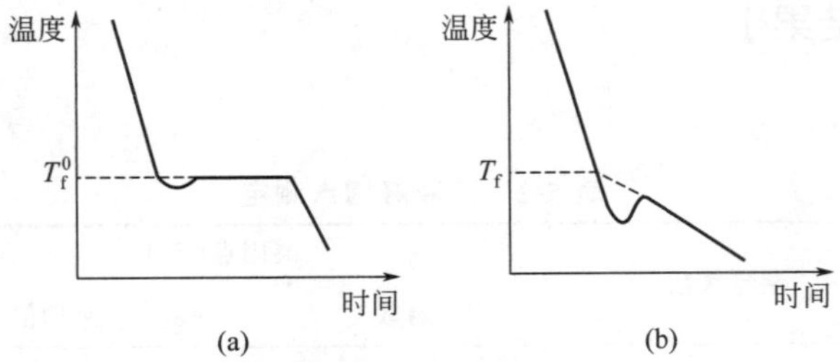

图 5-1　测定水和溶液凝固点的冷却曲线图

【主要仪器及试剂】

凝固点测定仪一套、数字式贝克曼温度计、电子天平、温度计、量筒（50mL)、移液管(25mL)。

粗食盐、碎冰块、葡萄糖（AR、固体)、蒸馏水。

【实验步骤】

1. 调节制冷剂的温度

取适量经过研磨的粗盐与冰水混合，使制冷剂温度为－4～－2℃，注意不要无限制地加盐。在实验过程中不断搅拌并不断补充碎冰，使制冷剂保持此温度。

2. 纯溶剂（水）的凝固点测定

仪器装置如图 5-2 所示。用移液管向清洁、干燥的凝固点管内加入 25mL 纯水，并记下水的温度，插入贝克曼温度计，拉动搅拌听不到碰壁与摩擦声。

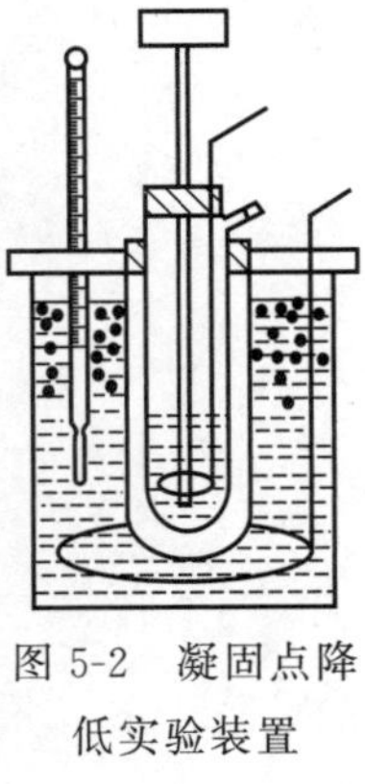

图 5-2　凝固点降低实验装置

先将盛有去离子水的凝固点管直接插入制冷剂中，上下移动搅拌棒，使其逐步冷却。当有固体析出时，从制冷剂中取出凝固点管，将管外冰水擦干，插入空气套管中，缓慢而均匀地搅拌。观察贝克曼温度计读数至稳定，此温度为纯水初测凝固点。取出凝固点测定管，用手捂管壁片刻，待管中固体完全融化后将凝固点管插入冰槽中。缓慢搅拌，当纯水温度降至高于初测凝固点温度 0.2℃时，迅速取出擦干外壁并插入空气管套中。缓慢搅拌使温度均匀下降。当温度低于初测凝固点时，应急速搅拌，使固体析出，温度开始上升，直至回升到稳定。此温度为纯水（纯溶剂）的凝固点，再重复两次，平均误差小于 0.1℃。

3. 溶液凝固点测定

取出凝固点测定管，使管中冰完全溶化后，放入已在电子天平上准确称量的 0.8～1.2g 的葡萄糖。待其完全溶解后，按纯溶剂凝固点测定方法，先测近似凝固点，然后再精确测量，溶液凝固点取回升后所达到的最高温度。重复 3 次，取平均值，平均误差应小于 0.01 摄氏度。根据记录的实验数据，按公式计算葡萄糖的分子量。

【思考讨论题】

1. 冰水中加入食盐为什么可以作为制冷剂？
2. 为什么要测纯水的凝固点？它的凝固点可否为零摄氏度？

【数据记录及处理结果】

数据记录于表 5-2。

表 5-2　溶液凝固点测定

物质	测量次数	凝固点(T_f)		凝固点降低值
		测量值	平均值	(ΔT_f)
纯水	1			
	2			
	3			
葡萄糖溶液	1			
	2			
	3			

实验 6

渗透现象和溶液渗透压的测定

【实验目的】

1. 熟悉低渗溶液、等渗溶液和高渗溶液的配制；观察红细胞在低渗溶液、等渗溶液和高渗溶液中的形态。

2. 了解冰点渗透压计测量溶液渗透压的原理和方法。

3. 进一步练习分析天平、容量瓶、吸量管的正确操作。

【实验原理】

正常人血浆的渗透浓度 $c_{OS}(B)=280\sim320mmol\cdot L^{-1}$，医药学中通常将输液药物分为等渗溶液、低渗溶液和高渗溶液，凡药物渗透浓度在此范围的溶液称为等渗溶液，低于或高于此范围的分别称为低渗溶液或高渗溶液。

正常红细胞呈扁圆形，边缘厚，中间薄，其内液为等渗溶液。在等渗溶液中红细胞保持正常形态；在低渗溶液中会逐渐胀大甚至破碎，释放出血红蛋白使溶液呈红色，这称为溶血现象；在高渗溶液中，红细胞会皱缩，溶液浓度足够大时可以在毛细血管中形成血栓。

Van't Hoff 定律反映了稀溶液的渗透浓度 $c_{OS}(B)$ 与渗透压力 Π 的关系：

$$\Pi = ic(B)RT = c_{OS}(B)RT$$

式中，i 为校正因子；$c(B)$ 为物质的量浓度。T 一定，$\Pi \propto c_{OS}(B)$，因此可以用 $c_{OS}(B)$ 来量度 Π 的大小。

测量稀溶液渗透压的方法一般分为直接法（半透膜法）和间接法（非半透膜法）。间接法以凝固点或冰点降低法最为常用。根据溶液的冰点降低测定溶液渗透浓度来反映渗透压大小的方法，叫冰点渗透压法，该仪器叫冰点渗透压计。FM-7J 冰点渗透压计为简易型冰点渗透压计。其原理是用热敏电阻插入待测溶液中测量溶液的冰点，转换为电量值，经放大后以渗透浓度在仪表上显示出来，据此即可计算出溶液的渗透压。

【主要仪器及试剂】

电子天平、离心机、光学显微镜、FM-7J 型冰点渗透压计、试管架、移液管架、烧杯（50mL)、容量瓶（50mL)、吸量管（5mL)、试管（5mL)、洗瓶、玻璃棒、洗耳球、称量瓶、血红蛋白吸管。

NaCl（固体，A.R)、$9g\cdot L^{-1}$ NaCl、3.8% $C_6H_5O_7Na_3$（柠檬酸钠)、3%红细胞悬液或全血。

【实验步骤】

1. 3%红细胞悬液的制备

(1) 由实验预备室提供新鲜全血　在洁净离心管中先加 0.2mL 3.8% $C_6H_5O_7Na_3$ 溶液

（对全血起抗凝作用），再加入新鲜全血 2mL，混匀，用 $3000r \cdot min^{-1}$ 离心 5min 后取出，弃去上层清液，加入 0.9% NaCl 生理盐水混匀后再离心，弃去上层清液；重复该操作一次，即得到洗涤过的红细胞，用生理盐水配成约 3%红细胞悬液备用。

（2）由实验者相互采血　先在 3 支洁净小试管中分别加入 1mL 配制的低渗、等渗、高渗溶液备用；在手指或耳垂进行采血较好，不易感染；采血前轻揉耳垂片刻，用 70%酒精消毒棉球擦洗耳垂部，待酒精稍干后，手指夹住耳垂，用消毒注射针头（酒精灯上烧红亦可）快速刺破耳垂下缘，轻轻挤压耳垂，第 1 滴血用干棉球擦去，然后用血红蛋白吸管吸取血液，分别在以上 3 支小试管中直接注入血液 10μL，轻微摇匀，即可在显微镜下观察红细胞的形态。

2. 低渗、等渗、高渗溶液的配制

（1）低渗液　准确称取 NaCl 0.1500～0.1700g，置于 50mL 洁净烧杯中，加少量蒸馏水溶解，定量转移到 50mL 洁净容量瓶中，加蒸馏水稀至刻度，摇匀待用，计算其低渗浓度。

（2）等渗液　准确称取 NaCl 0.4400～0.4600g 按上述方法配制 50mL 等渗溶液，计算其等渗浓度。

（3）高渗液　准确称取 NaCl 1.5500～1.6000g 按上述方法配制 50mL 高渗溶液，计算其高渗浓度。

3. 观察渗透现象

（1）目视观察　用吸量管分别在 3 支试管中加入低渗、等渗、高渗溶液各 4mL，再各加 3%红细胞悬液 1～2 滴，用手指堵住管口轻轻地倒置 2～3 次（不能振摇），使其混合混匀。静置 30min 后观察现象（溶液变红且透明者为溶血；溶液分两层，上层浅黄色透明，下层红色不透明者为红细胞正常；上层略带红色浑浊，下层红色不透明者为红细胞皱缩）。记录观察结果，解释不同现象的原因。

（2）显微镜下观察红细胞形态　从步骤 1 配制的 3 支试管中，各取 1 滴红细胞混悬液，分别滴于玻片上，盖上盖玻片，置于显微镜载物台上，转动粗调焦轮，使低倍镜（1∶10）处于最低位置（注意勿将盖玻片压碎），然后边观察边调节粗调焦轮，使镜头由低向高移动，调到血涂片中红细胞形态清晰，再换用高倍镜（1∶45）观察，调节微调焦轮直到镜内成像清晰可见。观察比较 3 种浓度溶液中红细胞的形态。必要时，可与标准血涂片比较。

4. 溶液的渗透压力的测量

用 FM-7J 型冰点渗透压计测定以上所配制的低渗、等渗、高渗溶液的渗透压（实际测定的是渗透浓度），记录结果并与理论计算值相比较。

【思考讨论题】

1. 渗透浓度与渗透压、物质的量浓度各有什么区别和联系？
2. 为什么红细胞在低渗、等渗、高渗溶液中的形态不同？
3. 冰点渗透压计测量溶液的渗透压的原理是什么？

【数据记录及处理结果】

数据记录于表 6-1 和表 6-2。

表 6-1 渗透现象与现象解释

编号	m(NaCl)/g	c_{OS}(NaCl)/mmol·L^{-1}	红细胞形态	解释现象
低渗溶液				
等渗溶液				
高渗溶液				

表 6-2 溶液渗透浓度的测定

编号	c_{OS}(NaCl)/mmol·L^{-1}（计算式）	c_{OS}(NaCl)/mmol·L^{-1}（测定值）	相对误差 E_r（测定值－计算值）/测定值
低渗溶液			
等渗溶液			
高渗溶液			

实验 7
缓冲溶液的配制和性质

【实验目的】

1. 学习缓冲溶液的配制方法。
2. 加深对缓冲溶液性质的理解。
3. 了解缓冲容量与缓冲溶液总浓度、缓冲比的关系。

【实验原理】

溶液的酸度是影响化学反应的重要条件之一，特别是在生物体内的化学反应，必须在适宜而稳定的 pH 条件下进行。

缓冲溶液是由弱酸及其共轭碱或弱碱及其共轭酸或两性物质及其对应的共轭酸（碱）组成的溶液，具有抵抗外来少量强酸、强碱或适当稀释时保持 pH 值基本不变的作用，这种作用就是缓冲作用。

由于缓冲溶液含有适量的抗酸组分和抗碱组分，所以当加入少量强酸或强碱时，能通过质子转移平衡移动，使溶液的 pH 值不会发生明显的改变。缓冲体系的缓冲作用在人的生命过程中显得极为重要，如当人体血液的 pH 值低于 7.35 会出现酸中毒；高于 7.45 就会发生碱中毒。正常人血液的 pH 值能维持在 7.35～7.45，正是由于血液中存在多种缓冲对，其中 H_2CO_3-HCO_3^- 缓冲对的浓度最高，缓冲作用最大。

缓冲溶液的 pH 值可根据 Henderson-Hasselbalch 方程（又称缓冲公式）计算：

$$pH = pK_a + \lg\frac{[共轭碱]}{[共轭酸]} = pK_a + \lg\frac{[B^-]}{[HB]} \tag{1}$$

式中，pK_a 为缓冲对中共轭酸 HB 解离常数的负对数；[HB]、$[B^-]$ 分别为缓冲溶液中共轭酸及其共轭碱的平衡浓度；$[B^-]/[HB]$ 称为缓冲比。

当共轭酸 HB 的 K_a 很小，HB 的电离很弱，而共轭酸 HB 及共轭碱 B^- 的浓度又较大时，由于同离子效应，抑制了 HB 的解离，故可以近似地用初始浓度 $c(HB)$ 和 $c(B^-)$ 分别代替 [HB] 和 $[B^-]$，式(1) 可改写成：

$$pH = pK_a + \lg\frac{c(B^-)}{c(HB)} \tag{2}$$

若以 $V(HB)$ 和 $V(B^-)$ 分别表示混合前 HB 和 B^- 的体积，$c'(HB)$ 和 $c'(B^-)$ 分别表示混合前 HB 和 B^- 的浓度，代入式(2) 中并整理得：

$$pH = pK_a + \lg\frac{c'(B^-)V(B^-)}{c'(HB)V(HB)} \tag{3}$$

若使用相同浓度的共轭酸及其共轭碱配制缓冲溶液，即 $c'(HB)=c'(B^-)$ 则有：

$$pH=pK_a+\lg\frac{V(B^-)}{V(HB)} \quad (4)$$

从以上各式可知，缓冲溶液的 pH 值主要取决于缓冲系中共轭酸的 pK_a。对于一个给定的缓冲系，pK_a 一定，pH 随缓冲比而改变。当缓冲比为 1 时，$pH=pK_a$。缓冲溶液加适量水稀释时，缓冲比基本不变，缓冲溶液的 pH 值也基本不变。所以缓冲溶液除具有抗酸、抗碱作用外，还具有抗稀释作用。

缓冲溶液的缓冲能力是有限度的。缓冲容量的大小取决于缓冲溶液的总浓度和缓冲比。当缓冲比一定时，总浓度越大，抗酸抗碱组分越多，缓冲容量就越大；当总浓度一定时，缓冲比等于 1，溶液的抗酸抗碱能力相同，缓冲容量最大；当缓冲比小于 1 或大于 1 时，溶液抗酸与抗碱能力不同，当缓冲溶液的 $c_{共轭酸}>c_{共轭碱}$ 时，抗酸能力小于抗碱能力，当 $c_{共轭酸}<c_{共轭碱}$ 时，抗酸能力大于抗碱能力；当缓冲比小于 1∶10 或大于 10∶1，一般认为缓冲溶液已失去缓冲能力，通常以 $pH=pK_a\pm1$ 作为缓冲溶液的缓冲范围。

配制一定 pH 值的缓冲溶液，一般有下列原则和步骤。

① 选择适当的缓冲对　使欲配缓冲溶液的 pH 值在所选缓冲对的缓冲范围（$pH=pK_a\pm1$）之内，且尽可能接近 pK_a，以保证缓冲溶液有较大的缓冲能力。同时，还需考虑所选缓冲对稳定无毒，不参与反应，无副反应。

② 缓冲溶液要有适当的总浓度　总浓度太低，缓冲容量偏小；总浓度太高，离子强度太大、渗透压过高而不适用，同时浪费试剂。为使缓冲溶液具有较大缓冲容量，通常缓冲溶液的总浓度在 $0.05\sim0.2mol\cdot L^{-1}$ 范围内为宜。

③ 计算所需共轭酸和共轭碱的用量。

④ 校正　由于未考虑离子强度、盐效应及温度等因素的影响，所以上述缓冲溶液 pH 值的计算公式是近似的，计算的 pH 值与缓冲溶液的实测值有差别。

对于只需控制 pH 在一定范围而不必控制在某一固定值时，便可直接采用近似计算的结果配制缓冲溶液。

针对 pH 值要求极精确的实验，还需用 pH 计对所配缓冲溶液的 pH 进行校正，必要时外加少量相应的酸或碱，使其与要求的 pH 值一致。

实际上，为了准确而方便地配制缓冲溶液，对一般常用缓冲系无需计算，可直接查阅手册。配方中缓冲溶液的 pH 由精确的实验方法确定。

【主要仪器及试剂】

量筒（10mL、50mL）、烧杯（50mL）、试管、滴管、广泛 pH 试纸（pH 值 1～14）、精密 pH 试纸（pH 值 3.8～5.4、pH 值 6.4～8.0）。

HAc（$0.1mol\cdot L^{-1}$、$1mol\cdot L^{-1}$）、HCl（$0.1mol\cdot L^{-1}$）、NaOH（$0.1mol\cdot L^{-1}$）、NaAc（$0.1mol\cdot L^{-1}$）、NaCl（$0.1mol\cdot L^{-1}$）、NaH_2PO_4（$0.1mol\cdot L^{-1}$）、Na_2HPO_4（$0.1mol\cdot L^{-1}$、$1mol\cdot L^{-1}$）、甲基红指示液、混合指示液。

【实验步骤】

1. 缓冲溶液的配制

按表 7-1 配制 pH 值为 4.6 和 7.5 的缓冲溶液各 30mL，计算所需各组分的体积，并填入表 7-1。然后用量筒取液，在烧杯中配制甲、乙两种缓冲溶液。用精密 pH 试纸测定所配缓冲溶液的 pH 值，填入表中。试比较实测值与计算值是否相同。缓冲溶液备用。

2. 缓冲溶液的性质

（1）缓冲溶液的抗酸碱作用　将所观察到的实验现象填入表 7-2 中，并解释原因，依次完成表 7-2 所示实验内容。

（2）缓冲溶液的抗稀释作用　利用现有实验器材及药品，自拟实验方案和步骤，说明缓冲溶液的抗稀释作用。

3. 缓冲容量

（1）缓冲容量与缓冲溶液总浓度的关系　取 2 支试管，在一支试管中加入 $0.1mol \cdot L^{-1}$ HAc 和 $0.1mol \cdot L^{-1}$ NaAc 各 30 滴；另一支试管中加入 $1mol \cdot L^{-1}$ HAc 和 $1mol \cdot L^{-1}$ NaAc 各 30 滴，混匀后两管中溶液的 pH 值是否相同？在两管中分滴加甲基红指示液一滴，摇匀，溶液呈何种颜色？然后在两管中逐滴加入 $1mol \cdot L^{-1}$ NaOH 溶液（每加一滴均需摇匀），直到溶液恰好变成黄色。记录各管所加 NaOH 溶液的滴数，填入表 7-3。解释所得结果。

（2）缓冲容量与缓冲比的关系　按表 7-4 的设计内容进行实验，并解释原因。根据实验效果，可对表中所示加酸或加碱的用量作必要的调整。

附注：

1. 甲基红指示剂的变色范围：pH 值 4.4～6.2（由红到黄）。甲基红指示液配制：0.1g 甲基红指示剂溶于 60mL 乙醇中，加水至 100mL。

2. 混合指示液（多组分混合 pH 指示液、广泛 pH 指示液）甲基黄 300mg、甲基红 100mg、酚酞 100mg、百里酚蓝（麝香草酚蓝）500mg、溴百里酚蓝（溴麝香草酚蓝）400mg。

将上述指示剂混合溶于 500mL 乙醇中，然后逐滴加入 $0.1mol \cdot L^{-1}$ NaOH 溶液，直至溶液呈现纯黄色为止（pH=6）。混合指示液在不同 pH 值下的颜色如下所示：

pH	1	2	3	4	5	6	7	8	9	10
颜色	桃红	红	红橙	橙红	橙黄	黄	黄绿	绿	蓝绿	紫

3. 溶液 pH 值的测定　测定溶液 pH 值的简单方法是 pH 指示剂法和 pH 试纸法，所示 pH 为近似值。若需溶液的精确 pH 值，可用 pH 计进行测定。使用 pH 指示液或多组分混合 pH 指示液，可根据指示剂的显色或颜色变化来指示溶液 pH 的范围或 pH 的变化。

4. 25℃时，醋酸（HAc）的 pK_a：4.75；磷酸（H_3PO_4）的 pK_{a2}：7.21。

【思考讨论题】

1. 决定缓冲溶液的 pH 和缓冲容量的主要因素有哪些？
2. 影响所配缓冲溶液 pH 精度的因素有哪些？
3. 如何正确使用 pH 试纸测定溶液的 pH 值？

【数据记录及结果处理】

数据记录于表 7-1～表 7-4。

表 7-1 缓冲溶液的配制

缓冲溶液	pH 值	缓冲对浓度	各组分的用量/mL	pH(测定值)
甲	4.6	0.1mol·L^{-1} HAc		
		0.1mol·L^{-1} NaAc		
乙	7.5	0.1mol·L^{-1} NaH_2PO_4		
		0.1mol·L^{-1} Na_2HPO_4		

表 7-2 缓冲溶液的抗酸、抗碱作用

试管号	试液和混合指示液用量	加酸或碱量	颜色变化
1	纯化水 2mL+混合指示液 1 滴	0.1mol·L^{-1} HCl 1 滴	
2	纯化水 2mL+混合指示液 1 滴	0.1mol·L^{-1} NaOH 1 滴	
3	0.1mol·L^{-1} NaCl 2mL+混合指示液 1 滴	0.1mol·L^{-1} HCl 1 滴	
4	0.1mol·L^{-1} NaCl 2mL+混合指示液 1 滴	0.1mol·L^{-1} NaOH 1 滴	
5	缓冲溶液甲 2mL+混合指示液 1 滴	0.1mol·L^{-1} HCl 1 滴	
6	缓冲溶液甲 2mL+混合指示液 1 滴	0.1mol·L^{-1} NaOH 1 滴	
7	缓冲溶液乙 2mL+混合指示液 1 滴	0.1mol·L^{-1} HCl 1 滴	
8	缓冲溶液乙 2mL+混合指示液 1 滴	0.1mol·L^{-1} NaOH 1 滴	

表 7-3 缓冲容量与总浓度的关系

试管号	溶液组分	加甲基红后溶液颜色	溶液刚变黄时所加 1mol·L^{-1} NaOH 滴数
1	30 滴 0.1mol·L^{-1} HAc+30 滴 0.1mol·L^{-1} NaAc		
2	30 滴 1mol·L^{-1} HAc+30 滴 1mol·L^{-1} NaAc		

表 7-4 缓冲容量与缓冲比的关系

试管号	溶液组分			加酸或加碱量	pH 值	ΔpH
	0.1mol·L^{-1} Na_2HPO_4	0.1mol·L^{-1} NaH_2PO_4	$c(HPO_4^{2-})/c(H_2PO_4^-)$ pH 值			
1	10mL	10mL		20 滴 0.1mol·L^{-1} HCl		
2	10mL	10mL		20 滴 0.1mol·L^{-1} NaOH		
3	18mL	2mL		20 滴 0.1mol·L^{-1} HCl		
4	18mL	2mL		20 滴 0.1mol·L^{-1} NaOH		
5	2mL	18mL		20 滴 0.1mol·L^{-1} HCl		
6	2mL	18mL		20 滴 0.1mol·L^{-1} NaOH		

实验 8
同离子效应与溶度积原理

【实验目的】

1. 加深对同离子效应、沉淀平衡和溶度积规则的理解，掌握其运用。
2. 了解沉淀的溶解和沉淀的转化。
3. 学习离心分离操作和电动离心机的使用。

【实验原理】

在饱和溶液中，难溶电解质与其离子间建立平衡状态，如：

$$A_mB_n(S) \rightleftharpoons mA^{n+} + nB^{m-}$$

在一定温度下，难溶电解质的饱和溶液中离子浓度幂之乘积为一常数，即为溶度积常数 K_{sp}。

$$K_{sp} = [A^{n+}]^m \cdot [B^{m-}]^n$$

在一定温度下，难溶电解质溶液处于任意状态时离子浓度幂的乘积称为离子积，用 I_p 表示。I_P 不是常数。

$$I_p = (A^{n+})^m \cdot (B^{m-})^n$$

上两式中［　］表示平衡状态下的浓度；（　）表示任意状态下的浓度。

溶度积规则如下：

（1）$I_p = K_{sp}$　表示溶液是饱和的，难溶电解质处于溶解与沉淀的平衡状态，既无沉淀析出又无沉淀溶解。

（2）$I_p < K_{sp}$　表示溶液是不饱和的，若系统中有固体存在，则会继续溶解直至溶液达饱和为止。

（3）$I_p > K_{sp}$　表示溶液是过饱和的，将有沉淀析出，直至溶液达饱和为止。

在难溶电解质溶液中因加入含有共同离子的强电解质而使难溶电解质的溶解度降低的效应称为沉淀平衡中的同离子效应。

【主要仪器及试剂】

离心机、离心试管、试管、烧杯。

试剂名称	浓度	试剂名称	浓度
HCl	$6mol \cdot L^{-1}$	K_2CrO_4	$0.5mol \cdot L^{-1}$
HNO_3	$6mol \cdot L^{-1}$	K_2CrO_4	$0.05mol \cdot L^{-1}$
$Pb(NO_3)_2$	$0.1mol \cdot L^{-1}$	PbI_2	饱和
$Pb(NO_3)_2$	$0.001mol \cdot L^{-1}$	$AgNO_3$	$0.1mol \cdot L^{-1}$
NaCl	$1mol \cdot L^{-1}$	$BaCl_2$	$0.5mol \cdot L^{-1}$

续表

试剂名称	浓度	试剂名称	浓度
NaCl	$0.1mol \cdot L^{-1}$	$(NH_4)_2C_2O_4$	饱和
Na_2SO_4	饱和	Na_2S	$1mol \cdot L^{-1}$
KI	$0.1mol \cdot L^{-1}$	Na_2S	$0.5mol \cdot L^{-1}$
KI	$0.001mol \cdot L^{-1}$		

【实验步骤】

1. 同离子效应和沉淀平衡

(1) 同离子效应 在试管中加入 1mL 饱和 PbI_2 溶液，然后滴入 5 滴 $0.1mol \cdot L^{-1}$ KI 溶液，振荡试管，观察实验现象。解释此现象。

(2) 沉淀平衡 在离心试管中加 10 滴 $0.1mol \cdot L^{-1}$ 的 $Pb(NO_3)_2$ 溶液，然后加 5 滴 $1mol \cdot L^{-1}$ NaCl 溶液，振荡离心试管，待沉淀完全后离心，分离上层清液，在上清液中加入少许 $0.5mol \cdot L^{-1}$ K_2CrO_4 溶液，观察实验现象，解释此现象。

2. 溶度积规则的应用

(1) 在试管中加 1mL $0.1mol \cdot L^{-1}$ $Pb(NO_3)_2$ 溶液，再加 1mL $0.1mol \cdot L^{-1}$ KI 溶液，观察有无沉淀生成，用溶度积规则进行解释。

(2) 用 $0.001mol \cdot L^{-1}$ $Pb(NO_3)_2$ 溶液和 $0.001mol \cdot L^{-1}$ KI 溶液进行实验，观察现象。用溶度积规则解释之。

(3) 在试管中加 1mL $0.1mol \cdot L^{-1}$ NaCl 溶液和 1mL $0.5mol \cdot L^{-1}$ K_2CrO_4 溶液。然后边振荡试管，边逐滴加入 $0.1mol \cdot L^{-1}$ $AgNO_3$ 溶液，观察沉淀的颜色及沉淀颜色的变化，试以溶度积规则解释之。

3. 分步沉淀

在试管中加入 2 滴 $0.5mol \cdot L^{-1}$ Na_2S 溶液和 5 滴 $0.5mol \cdot L^{-1}$ K_2CrO_4 溶液，用水稀释至 5mL，然后逐滴加入 $0.1mol \cdot L^{-1}$ $Pb(NO_3)_2$ 溶液，观察生成沉淀的颜色。沉淀沉降后，继续向清液中滴加 $Pb(NO_3)_2$ 溶液，会出现什么颜色的沉淀？

4. 沉淀的溶解

(1) 生成难离解的物质使沉淀溶解 在离心试管中，滴加 5 滴 $0.5mol \cdot L^{-1}$ $BaCl_2$ 溶液，再滴加 3 滴饱和 $(NH_4)_2C_2O_4$ 溶液，观察沉淀的生成，离心分离，弃去上层清液，在沉淀上滴 $6mol \cdot L^{-1}$ HCl 溶液，有何现象？解释此现象。

(2) 通过氧化还原反应使难溶盐溶解 在离心试管中滴加 10 滴 $0.1mol \cdot L^{-1}$ $AgNO_3$ 溶液，滴入 3～4 滴 $1mol \cdot L^{-1}$ Na_2S 溶液，观察现象。离心分离，弃去上层清液，在沉淀物上再滴加 $6mol \cdot L^{-1}$ HNO_3 溶液少许，加热，有何现象？解释此现象。

5. 沉淀的转化

在离心试管中，加 5 滴 $0.1mol \cdot L^{-1}$ $Pb(NO_3)_2$ 溶液，再加 3 滴 $1mol \cdot L^{-1}$ NaCl 溶液，振荡离心试管，待沉淀完全后离心分离，用 0.5mL 蒸馏水洗涤沉淀一次，然后在 $PbCl_2$ 沉淀中加入 3 滴 $0.1mol \cdot L^{-1}$ KI 溶液，观察沉淀的转化及颜色的变化。按上述操作依次分批加入 10 滴饱和 Na_2SO_4 溶液、$0.5mol \cdot L^{-1}$ K_2CrO_4 溶液、$1mol \cdot L^{-1}$ Na_2S 溶液，每加入一种新的溶液后均观察沉淀的转化及颜色的变化。

【思考讨论题】

1. 在 Ag_2CrO_4 沉淀中加入 NaCl 溶液，将会产生什么现象？与实验步骤 2（3）的实验现象能否得到一致的结论？

2. 什么叫分步沉淀？试把实验步骤 2（3）设计成一个说明分步沉淀的实验。根据溶度积计算判断实验中沉淀先后的次序。

3. 在沉淀转化实验中能否直接比较 $PbCl_2$、PbI_2、$PbSO_4$、$PbCrO_4$、PbS 的 K_{sp} 值，说明有关沉淀转化的原因。

【数据记录及结果处理】

记录实验现象于表 8-1 至表 8-5 中。

表 8-1　同离子效应和沉淀平衡

项目	实验现象	主要化学反应	结论
同离子效应沉淀平衡			

表 8-2　溶度积规则的应用

项目	实验现象	主要化学反应	结论
(1)			
(2)			
(3)			

表 8-3　分步沉淀

项目	实验现象	主要化学反应	结论
分步沉淀			

表 8-4　沉淀的溶解

项目	实验现象	主要化学反应	结论
难解离的物质使沉淀溶解			
氧化还原反应使沉淀溶解			

表 8-5　沉淀的转化

项目	实验现象	主要化学反应	结论
沉淀的转化			

实验 9

醋酸解离度和解离常数的测定

【实验目的】

1. 学习测定弱酸解离度和解离常数的方法。
2. 学习使用酸度计并掌握其使用方法。
3. 进一步熟悉滴定管、吸量管的使用方法。

【实验原理】

醋酸（HAc）是弱酸，一定温度下，在水溶液中存在下述解离平衡：

$$HAc \rightleftharpoons H^+ + Ac^-$$

若 HAc 的起始浓度为 c，$[H^+]$、$[Ac^-]$ 和 $[HAc]$ 分别为 H^+、Ac^- 和 HAc 的平衡浓度，α 为解离度，K_a 为解离常数。平衡时 $[H^+]=[Ac^-]$，$[HAc)=c(1-\alpha)$，则：

$$\alpha=\frac{[H^+]}{c}\times 100\%$$

$$K_a=\frac{[H^+]\cdot[Ac^-]}{[HAc]}=\frac{[H^+]^2}{c-[H^+]}$$

当 $\alpha<5\%$时，$K_a\approx\frac{[H^+]^2}{c}$。

根据 $pH=-\lg[H^+]$ 可知，只要测定已知浓度 HAc 溶液的 pH 值，就可以计算它的解离度和解离常数。本实验用酸度计来测量 HAc 溶液的 pH 值。

【主要仪器及试剂】

酸式滴定管（50mL）、碱式滴定管（50mL）、锥形瓶（250mL）、容量瓶（50mL）、烧杯（100mL）、酸度计、温度计、吸量管、复合电极。

标准缓冲溶液（pH 值 4.003 邻苯二甲酸氢钾，pH 值 6.864 混合磷酸盐，pH 值 9.182 硼砂）、NaOH 标准溶液（约 $0.1mol\cdot L^{-1}$）、HAc 溶液（$0.1mol\cdot L^{-1}$）、酚酞（$2g\cdot L^{-1}$）、邻苯二甲酸氢钾（基准物质）。

【实验步骤】

1. NaOH 溶液的标定

准确称取 0.4～0.6g 基准邻苯二甲酸氢钾 3 份，分别置于 250mL 锥形瓶中，加入 30～50mL 蒸馏水溶解，再加 1～2 滴酚酞指示剂，用待标定的 NaOH 溶液滴定至溶液呈微红色，

30s 不褪色即为终点。计算 NaOH 溶液的浓度。

2. HAc 溶液的测定

用吸量管准确移取 20mL 0.1mol・L^{-1} HAc 溶液 3 份于 250mL 锥形瓶中，各加 2～3 滴酚酞指示剂，用上述 NaOH 标准溶液滴定至微红色，30s 不褪色即为终点。计算此 HAc 溶液的浓度。

3. 配制不同浓度的 HAc 溶液

用吸量管（或滴定管）分别量取上述 HAc 标准溶液 125mL、50mL 和 25mL 置于 250mL 容量瓶中，分别用蒸馏水稀释到刻度，摇匀。

4. 测定不同浓度 HAc 溶液的 pH 值

将原溶液及上述 3 种不同浓度的 HAc 溶液分别转入 4 只干燥的 50mL 烧杯中，按由稀至浓的顺序用 pH 计分别测定它们的 pH 值，记录数据和室温。计算 HAc 的解离度和解离常数。

【思考讨论题】

1. 改变所测 HAc 溶液的浓度或温度，则解离度和解离常数有无变化？若有变化，将会怎样变化？

2. 若所用 HAc 溶液的浓度极稀，是否能用于求解离常数？为什么？

3. 使用酸度计测溶液的 pH 值的操作步骤有哪些？

【数据记录及处理结果】

数据记录于表 9-1 至表 9-3。

表 9-1　NaOH 溶液的标定

测定序号	1	2	3
邻苯二甲酸氢钾的质量/g			
NaOH 溶液的用量/mL			
NaOH 溶液的浓度/mol・L^{-1}			
NaOH 溶液的浓度平均值/mol・L^{-1}			
相对偏差/%			
平均相对偏差/%			

表 9-2　醋酸溶液浓度的测定

测定序号	1	2	3
所取 HAc 溶液的体积/mL	20.00	20.00	20.00
NaOH 标准溶液的体积/mL			
NaOH 标准溶液的浓度/mol・L^{-1}			
测得 HAc 溶液的浓度/mol・L^{-1}			
测得 HAc 溶液的浓度平均值/mol・L^{-1}			
相对偏差/%			
平均相对偏差/%			

表 9-3　HAc 解离度和解离常数 K_a 的测定（温度：　　）

容量瓶编号	1	2	3	4
HAc 溶液的体积/mL	25.00	50.00	125.00	250.00
定容体积/mL	250.00	250.00	250.00	250.00
HAc 溶液的浓度/$mol \cdot L^{-1}$				
pH				
$[H^+]/mol \cdot L^{-1}$				
解离度 α				
解离常数 K_a				
K_a 平均值				

实验 10
化学反应速率与活化能的测定

【实验目的】

1. 验证浓度、温度、催化剂对化学反应速率的影响。
2. 测定过硫酸铵与碘化钾的反应速率，计算反应速率常数。
3. 了解图解法求反应级数和反应活化能的原理和方法。

【实验原理】

在均相化学反应中，反应速率取决于反应物的性质、浓度、温度和催化剂。用不同浓度的过硫酸铵 $(NH_4)_2S_2O_8$，氧化 I^- 成 I_2，以 I_2 与淀粉生成蓝色化合物作为反应完成的标志，因此出现蓝色的时间越短，说明反应速率越大，反之则越小。

水溶液中，$(NH_4)_2S_2O_8$ 与 KI 反应如下：

$$(NH_4)_2S_2O_8 + 3KI \xlongequal{} (NH_4)_2SO_4 + K_2SO_4 + KI_3$$

或

$$S_2O_8^{2-} + 3I^- \xlongequal{} 2SO_4^{2-} + I_3^- \qquad (1)$$

该化学反应的平均速率可近似地表示为：

$$v = \frac{-\Delta c(S_2O_8^{2-})}{\Delta t} = k[c(S_2O_8^{2-})]^m[c(I^-)]^n$$

式中，$\Delta c(S_2O_8^{2-})$ 为时间间隔 Δt 内 $c(S_2O_8^{2-})$ 的变化；k 为反应速率常数；$c(S_2O_8^{2-})$ 与 $c(I^-)$ 分别为两种离子的初始浓度；$(m+n)$ 为反应级数。由于本实验在 Δt 时间内反应物浓度变化很小，所以平均速率可以看成是瞬时速率，因而有上列近似式。

为了能测定出在一定时间（Δt）内过硫酸铵的改变量 $\Delta c(S_2O_8^{2-})$，在 $(NH_4)_2S_2O_8$ 溶液与 KI 溶液混合的同时，定量加入硫代硫酸钠 $Na_2S_2O_3$ 溶液和作指示剂的淀粉溶液。在反应（1）进行的同时，还进行如下反应：

$$2S_2O_3^{2-} + I_3^- \xlongequal{} S_4O_6^{2-} + 3I^- \qquad (2)$$

反应（2）比反应（1）快得多，能瞬间完成，故反应（1）生成的 I_3^- 立即与 $S_2O_3^{2-}$ 生成无色的 $S_4O_6{}^{2-}$ 和 I^-。因此，在反应开始的一段时间内看不到碘与淀粉作用所显示的蓝色。但是，一旦 $Na_2S_2O_3$ 耗尽，由反应（1）生成的微量碘就迅速与淀粉作用，使溶液显出蓝色。

从反应（1）和反应（2）可知，$\Delta c(S_2O_8^{2-}) : \Delta c(S_2O_3^{2-}) = 1 : 2$，所以 $S_2O_8^{2-}$ 在 Δt 时间内的浓度变化量 $\Delta c(S_2O_8^{2-})$ 可从下式求出：

$$\Delta c(S_2O_8^{2-}) = \frac{\Delta c(S_2O_3^{2-})}{2}$$

又由于在 Δt 内溶液显示蓝色时 $S_2O_3^{2-}$ 已全部耗尽，浓度为零，所以此时消耗的 $\Delta c(S_2O_3^{2-})$ 实际上就是反应开始时 $Na_2S_2O_3$ 的初始浓度，即

$$\Delta c(S_2O_3^{2-})=c(S_2O_3^{2-})_{终}-c(S_2O_3^{2-})_{始}=0-c(S_2O_3^{2-})_{始}$$

则

$$\Delta c(S_2O_8^{2-})=\frac{\Delta c(S_2O_3^{2-})}{2}=\frac{c(S_2O_3^{2-})_{始}}{2}$$

记录反应开始到出现蓝色的 Δt，即可计算 v。

$$v=\frac{-\Delta c(S_2O_8^{2-})}{\Delta t}=\frac{\Delta c(S_2O_3^{2-})}{2\Delta t}$$

将前面化学反应速率方程式两边取对数得：

$$\lg v=m\lg c(S_2O_8^{2-})+n\lg c(I^-)+\lg k \tag{3}$$

由此式可知：当 $c(I^-)$ 一定时，以 $\lg v$ 对 $\lg c(S_2O_8^{2-})$ 作图得一直线，其斜率为 m；当 $c(S_2O_8^{2-})$ 一定时，以 $\lg v$ 对 $\lg c(I^-)$ 作图也得一直线，其斜率为 n。则该反应的反应级数为 $m+n$。在固定 $c(S_2O_3^{2-})$，改变 $c(S_2O_8^{2-})$、$c(I^-)$ 的条件下进行一系列实验，测得不同条件下的 v，利用式(3) 求出 m、n。

再由下式进一步求出反应速度常数 k 值：

$$k=\frac{v}{c(S^2O_8^{2-})^m\times c(I^-)^n}$$

根据 Arrhenius 方程式，反应速率常数 k 与反应温度 T 的关系为：

$$\lg k=\lg A-\frac{E_a}{2.303RT}$$

式中，E_a 为活化能；R 为气体常数，$8.314J\cdot K^{-1}\cdot mol^{-1}$；$T$ 为绝对温度。测出在不同温度下的 k 值，以 $\lg k$ 对 $1/T$ 作图可得一直线，由直线的斜率可以求出反应的活化能 E_a：

$$斜率=\frac{-E_a}{2.303R}$$

【主要仪器及试剂】

温度计、秒表、恒温水槽、烧杯（100mL）、量筒（10mL、20mL）、吸量管（10mL）、玻璃棒、直角坐标纸。

$(NH_4)_2S_2O_8$（$0.2mol\cdot L^{-1}$，新鲜配制）、$Na_2S_2O_3$（$0.2mol\cdot L^{-1}$）、淀粉溶液（$2g\cdot L^{-1}$）、KI（$0.2mol\cdot L^{-1}$）、KNO_3（$0.2mol\cdot L^{-1}$）、$(NH_4)_2SO_4$（$0.2mol\cdot L^{-1}$）、$Cu(NO_3)_2$（$0.2mol\cdot L^{-1}$）、冰块。

注意：

1. 由文献查得 $S_2O_8^{2-}+3I^-=\!=\!=2SO_4^{2-}+I_3^-$ 的 $E_a=51.58kJ\cdot mol^{-1}$；

2. $(NH_4)_2S_2O_8$ 要新鲜配制，配制的溶液 pH 值应大于 3.0，否则说明 $(NH_4)_2S_2O_8$ 已分解了，不能使用。

【实验步骤】

1. 浓度对反应速率的影响

用量筒量取 $0.2mol\cdot L^{-1}$ KI 溶液 20mL 置于 100mL 烧杯中，用另一量筒加入

$2g \cdot L^{-1}$ 淀粉溶液 4.0mL，用吸量管加入 $0.2mol \cdot L^{-1}$ $Na_2S_2O_3$ 溶液 8.00mL，混匀。再用第三个量筒量取 $0.2mol \cdot L^{-1}$ $(NH_4)_2S_2O_8$ 溶液 20mL 迅速倒入混合液中，同时启动秒表，并搅匀。注意观察，当溶液刚出现蓝色时，立即停表，记录反应时间 Δt 和室温于表 10-1 中。进行另外四次平行实验。为了使每次实验中溶液的离子强度和总体积不变，KI 和 $(NH_4)_2S_2O_8$ 不足的量分别用 $0.2mol \cdot L^{-1}$ KNO_3 和 $0.2mol \cdot L^{-1}$ $(NH_4)_2SO_4$ 溶液补充。

表 10-1　浓度对反应速度的影响（室温℃）

	实验编号	Ⅰ	Ⅱ	Ⅲ	Ⅳ	Ⅴ
试剂用量/mL	$0.2mol \cdot L^{-1}(NH_4)_2S_2O_8$	20	10	5	20	20
	$0.2mol \cdot L^{-1}$ KI	20	20	20	10	5
	$0.2m \cdot L^{-1}$ $Na_2S_2O_3$	8.00	8.00	8.00	8.00	8.00
	$2g \cdot L^{-1}$ 淀粉	4	4	4	4	4
	$0.2mol \cdot L^{-1}$ KNO_3	0	0	0	10	15
	$0.2mol \cdot L^{-1}(NH_4)_2SO_4$	0	10	15	0	0
起始浓度 $/mol \cdot L^{-1}$	$c[(NH_4)_2S_2O_8]$					
	$c(KI)$					
	$c(Na_2S_2O_3)$					
$\Delta c(S_2O_8^{2-})/mol \cdot L^{-1}$						
反应时间 $\Delta t/s$						
反应速率 $/mol \cdot L^{-1} \cdot s^{-1}$						

2. 温度对反应速度的影响

按表 10-1 实验编号Ⅳ中的用量，把 KI、$Na_2S_2O_3$、淀粉、KNO_3 溶液加到 100mL 烧杯中，$(NH_4)_2S_2O_8$ 溶液加到另一小烧杯中，然后将它们同时置于冰水浴中冷却。当杯内溶液与冰水浴温度相同，且低于室温 10℃左右时，把 $(NH_4)_2S_2O_8$ 溶液迅速倒入混合溶液中，同时开动秒表，搅匀。一旦溶液刚出现蓝色，立即停表。记录反应时间 Δt 和反应温度于表 10-2。

表 10-2　温度对反应速度的影响

实验编号	1	2	3	4
反应温度 T/K				
反应时间 $\Delta t/s$				
反应速率 $/mol \cdot L^{-1} \cdot s^{-1}$				

利用热水浴在高于室温 10℃和 20℃左右的条件下，重复上述实验。

3. 催化剂对反应速度的影响

按表 10-1 中实验编号Ⅳ的用量，向 KI 混合液加入 $0.2mol \cdot L^{-1}Cu(NO_3)_2$ 溶液 3 滴，混合后，迅速加入 $0.2mol \cdot L^{-1}$ $(NH_4)_2S_2O_8$ 溶液，同时开动秒表，搅拌。当溶液刚出现蓝色时，立即停表，记录反应时间 Δt。并与没加入 $Cu(NO_3)_2$ 溶液的Ⅳ号反应时间进行比较，给出结论。

附注：

1. 实验中利用 $Na_2S_2O_3$ 衡量反应产生的 I_2，从而计算消耗的 $(NH_4)_2S_2O_8$。所以准

确添加 $Na_2S_2O_3$ 是实验成败的关键。

2. 各溶液加入的顺序不可颠倒。

3. 混合时立即启动秒表。

4. 测定不同温度下的数据时，温度应以小烧杯内溶液的温度为准。

【思考讨论题】

1. $Na_2S_2O_3$ 的用量不同，对本实验有无影响？为什么？

2. 若不用 $S_2O_8^{2-}$ 而用 I^- 或 I_3^- 的浓度变化来表示反应速率，反应速率常数是否相同？

3. 实验中若量筒没分开专用：①先加 $(NH_4)_2S_2O_8$ 溶液、后加 KI 溶液；②慢慢加入 $(NH_4)_2S_2O_8$ 溶液，各对实验结果有何影响？

【数据记录及处理结果】

(1) 级数的确定及速度常数的计算　分别计算编号 1～4 各个实验的 v，利用式(3) 求反应级数 m 和 n 以及反应速率常数 k，填入表 10-3。

表 10-3　反应级数的确定及速度常数的计算

实验编号	1	2	3	4
$\lg v$				
$\lg c(S_2O_8^{2-})$				
$\lg c(I^-)$				
m				
n				
反应速率常数 k				

(2) 反应活化能的计算　根据 Arrhenius 方程式，分别计算编号 1～4 各个不同温度实验的 k，然后以 $\lg k$ 对 $1/T$ 作图（附上 $\lg k \sim 1/T$ 坐标图），求出斜率，计算出活化能，填入表 10-4，并分析误差产生的原因。

表 10-4　反应活化能的计算

实验编号	1	2	3	4
反应温度 T/K				
v				
k				
$\lg k$				
$1/T$				
E_a/kJ·mol^{-1}				
误差产生原因的分析				

实验 11
配合物的生成和性质

【实验目的】

1. 掌握配合物的生成及配离子与简单离子的区别。
2. 比较配离子的稳定性，掌握配位平衡移动与溶液酸碱性的关系。
3. 了解螯合物的形成与特性。

【实验原理】

由一个简单离子（中心原子）和一定数目的中性分子或负离子（配体）通过配位键结合成复杂的结构单元叫配离子。配离子有一定的组成和空间构型；配离子分为配阳离子和配阴离子，含配离子的化合物叫配合物。

配离子在溶液中存在着配位平衡，例如：

$$Cu^{2+} + 4NH_3 \rightleftharpoons [Cu(NH_3)_4]^{2+}$$

$$K_{稳} = \frac{[Cu(NH_3)_4^{2+}]}{[Cu^{2+}] \times [NH_3]^4}$$

$K_{稳}$值愈大，配离子愈稳定。

配位平衡服从化学平衡移动原理。若平衡体系的某一条件（如浓度、酸碱性等）发生改变，平衡将发生移动。

若中心原子与多齿配体形成环状结构的配合物，则称螯合物。很多金属螯合物具有特征颜色，难溶于水而易溶于有机溶剂。如丁二肟在碱性条件下与 Ni^{2+} 生成鲜红色难溶于水的螯合物。

【主要仪器及试剂】

试管、烧杯（50mL）、漏斗、滴管、定性滤纸。

试剂名称	浓度	试剂名称	浓度
$CuSO_4$	$0.1mol \cdot L^{-1}$	$NiCl_2$	$0.1mol \cdot L^{-1}$
$HgCl_2$	$0.1mol \cdot L^{-1}$	$AgNO_3$	$0.1mol \cdot L^{-1}$
KI	$0.1mol \cdot L^{-1}$	$Na_2S_2O_3$	$0.1mol \cdot L^{-1}$
$Al_2(SO_4)_3$	$0.1mol \cdot L^{-1}$	NaOH	$0.1mol \cdot L^{-1}$
$FeCl_3$	$0.1mol \cdot L^{-1}$	KF	$2mol \cdot L^{-1}$
$BaCl_2$	$0.1mol \cdot L^{-1}$	H_2SO_4	$0.1mol \cdot L^{-1}$
KSCN	$0.1mol \cdot L^{-1}$	$NH_3 \cdot H_2O$	$2mol \cdot L^{-1}$
$KAl(SO_4)_2$	$0.1mol \cdot L^{-1}$	乙醇	95%
Na_2S	$0.1mol \cdot L^{-1}$	茜素磺酸钠	$10g \cdot L^{-1}$
$SnCl_2$	$0.1mol \cdot L^{-1}$	丁二肟	$10g \cdot L^{-1}$

【实验步骤】

1. 配合物的制备

(1) $[Cu(NH_3)_4]SO_4$ 的生成　向 50mL 烧杯中加入 0.1mol·L^{-1} $CuSO_4$ 溶液 2mL，逐滴加入 2mol·L^{-1} $NH_3·H_2O$ 溶液，边滴边摇动烧杯，直至最初生成的沉淀溶解为止。然后加入约 8mL 乙醇，振摇烧杯，观察现象，过滤。所得沉淀（晶体）为何物？将盛有沉淀的漏斗插入另一洁净试管中，直接在滤纸上滴加 2mol·L^{-1} $NH_3·H_2O$ 溶液（约 2mL），使沉淀溶解。写出反应方程式，保留滤液供下面实验用。

(2) $K_2[HgI_4]$的生成　向试管中加入 0.1mol·L^{-1} $HgCl_2$ 溶液（有毒!）2～4 滴，逐滴加入 0.1mol·L^{-1} KI 溶液，观察红色沉淀的生成，再继续滴加 0.1mol·L^{-1} KI 溶液至沉淀溶解，写出反应方程式。保留溶液供下面实验用。

(3) $K_3[FeF_6]$的生成　向试管中加入 0.1mol·L^{-1} $FeCl_3$ 溶液 5 滴，然后逐滴加入 2mol·L^{-1} KF 溶液至溶液变成无色。写出反应方程式，保留溶液供下面实验用。

(4) $K_3[AlF_6]$的生成　向试管中加入 0.1mol·L^{-1} $Al_2(SO_4)_3$ 溶液 5 滴，然后加 2mol·L^{-1} KF 溶液 10 滴，充分摇匀，使配位反应完全。写出反应方程式。保留溶液供下面实验用。

2. 配合物的组成——内界和外界

向两支试管中各加入 0.1mol·L^{-1} $CuSO_4$ 溶液 5 滴，然后向其中一支试管中加入几滴 0.1mol·L^{-1} $BaCl_2$ 溶液，向另一支试管中加入几滴 0.1mol·L^{-1} NaOH 溶液，观察现象，写出反应式。

另取两支试管，各加入步骤 1 中自己制备的 $[Cu(NH_3)_4]^{2+}$ 溶液 5 滴，再向其中一支试管中加几滴 0.1mol·L^{-1} $BaCl_2$ 溶液，向另一支试管中加几滴 0.1mol·L^{-1} NaOH 溶液，观察现象，根据实验结果，解释配合物内界与外界的组成。

3. 配离子与简单离子的区别

(1) $[HgI_4]^{2-}$ 配离子与 Hg^{2+} 的区别　取两支试管，向一支试管中加入步骤 1 中制备的 $[HgI_4]^{2-}$ 溶液 3 滴，向另一支试管中加入 0.1mol·L^{-1} $HgCl_2$ 溶液 3 滴，然后各加入 0.1mol·L^{-1} KI 溶液 2 滴，观察现象，写出反应式并解释之。

(2) $[FeF_6]^{3-}$ 配离子与 Fe^{3+} 的区别　取两支试管，向一支试管中加入步骤 1 中制备的 $[FeF_6]^{3-}$ 溶液 3 滴，向另一支试管中加入 0.1mol·L^{-1} $FeCl_3$ 溶液 5 滴，然后各加入 0.1mol·L^{-1} KSCN 溶液 2 滴，观察现象，写出反应式并解释之。

4. 配离子与复盐的区别

取步骤 1 自己制备的 $[AlF_6]^{3-}$ 溶液 1 滴，置滤纸片一端上，取 0.1mol·L^{-1} $KAl(SO_4)_2$ 溶液 1 滴置于滤纸片另一端上，然后各加 10g·L^{-1} 茜素磺酸钠 1 滴和 2mol·L^{-1} $NH_3·H_2O$ 溶液 1 滴，若有红色斑点生成示有 Al^{3+} 存在。观察结果，解释原因。

5. 配位平衡的移动

(1) 配位平衡与沉淀平衡　于两支试管中各加入步骤 1 中自己制备的 $[Cu(NH_3)_4]^{2+}$ 溶液 5 滴，然后，向其中一支试管中加入 0.1mol·L^{-1} NaOH 溶液 3 滴，向另一试管中加入 0.1mol·L^{-1} Na_2S 溶液 3 滴，观察结果，写出反应式并解释之。

(2) 配位平衡与氧化还原平衡　向一支试管中加入步骤 1 中自己制备的 $[HgI_4]^{2-}$ 溶液 5 滴，向另一试管中加入 0.1mol·L^{-1} $HgCl_2$ 溶液 5 滴，然后各逐滴加入 0.1mol·L^{-1} $SnCl_2$ 溶液，比较两试管中发生的变化，写出反应式并解释之。

(3) 配位平衡与溶液的酸碱性　取步骤 1 中自己制备的 $[FeF_6]^{3-}$ 溶液各 5 滴加入两支试管中，然后向其中一支试管内滴加 0.1mol·L^{-1} NaOH 溶液；向另一试管内滴加 0.1mol·L^{-1} H_2SO_4，溶液，观察现象，写出反应式并解释之。

6. 配离子稳定性的比较

向两支试管中各加入 0.1mol·L^{-1} $AgNO_3$ 溶液 5 滴，向其中一支试管内逐滴加入 1mol·L^{-1} $Na_2S_2O_3$ 溶液约 12 滴，观察生成的沉淀又溶解。向另一支试管内逐滴加入 2mol·L^{-1} NH_3·H_2O 溶液 12 滴，观察生成的沉淀又溶解。然后向两支试管中各加入 2 滴 0.1mol·L^{-1} KI 溶液，观察两管发生的现象，写出反应式，比较两种配离子稳定性的相对大小，并解释之。

7. 螯合物的生成

向试管中加入 0.1mol·L^{-1} $NiCl_2$ 溶液 2 滴和 2mol·L^{-1} NH_3·H_2O 溶液 1 滴，然后加入 10g·L^{-1} 丁二肟（多齿配体）溶液 2 滴，观察现象。

【思考讨论题】

1. 总结本实验中所观察到的现象，说明配离子与简单离子的区别。
2. 归纳影响配位平衡移动的因素，从配离子稳定性的比较了解不稳定常数与稳定常数的意义。
3. 什么叫螯合物？有何特性与特征？

【数据记录及处理结果】

实验现象记于表 11-1 至表 11-7 中。

表 11-1　配合物的制备

编号	反应物	现象	配位反应
1	0.1mol·L^{-1} $CuSO_4$ + 2mol·L^{-1} NH_3·H_2O		
	上述溶液+乙醇+2mol·L^{-1} NH_3·H_2O		
2	0.1mol·L^{-1} $HgCl_2$ + 0.1mol·L^{-1} KI		
3	0.1mol·L^{-1} $FeCl_3$ + 2mol·L^{-1} KF		
4	0.1mol·L^{-1} $Al_2(SO_4)_3$ + 2mol·L^{-1} KF		

表 11-2　配合物的组成

编号	内装液体	加入试剂	现象	离子反应
1	0.1mol·L^{-1} $CuSO_4$	0.1mol·L^{-1} $BaCl_2$		
2	0.1mol·L^{-1} $CuSO_4$	0.1mol·L^{-1} NaOH		
3	自配溶液 1	0.1mol·L^{-1} $BaCl_2$		
4	自配溶液 1	0.1mol·L^{-1} NaOH		
结论				

表 11-3 配离子与简单离子的区别

编号	管号	内装液体	加入试剂	现象	离子反应
(1)	1	自配溶液 2	$0.1mol \cdot L^{-1}KI$		
	2	$0.1mol \cdot L^{-1}HgCl_2$			
(2)	3	自配溶液 3	$0.1mol \cdot L^{-1}KSCN$		
	4	$0.1mol \cdot L^{-1}FeCl_3$			
结论					

表 11-4 配离子与复盐的区别

检验溶液	所用试剂	现象	原因
自配溶液 4	$10g \cdot L^{-1}$ 茜素磺酸钠		
$0.1mol \cdot L^{-1}KAl(SO_4)_2$	$2mol \cdot L^{-1}NH_3 \cdot H_2O$		

表 11-5 配位平衡的移动

试液	试剂	现象	离子反应
自配溶液 1	$0.1mol \cdot L^{-1}NaOH$		
自配溶液 1	$0.1mol \cdot L^{-1}Na_2S$		
自配溶液 2	$0.1mol \cdot L^{-1}SnCl_2$		
$0.1mol \cdot L^{-1}HgCl_2$	$0.1mol \cdot L^{-1}SnCl_2$		
自配溶液 3	$0.1mol \cdot L^{-1}NaOH$		
自配溶液 3	$0.1mol \cdot L^{-1}H_2SO_4$		

表 11-6 配离子稳定性

管号	内装液体	加入试剂	现象	离子反应
1	$1mol \cdot L^{-1}AgNO_3$	$1mol \cdot L^{-1}Na_2S_2O_3$		
		$0.1mol \cdot L^{-1}KI$		
2	$1mol \cdot L^{-1}AgNO_3$	$2mol \cdot L^{-1}NH_3 \cdot H_2O$		
		$0.1mol \cdot L^{-1}KI$		

表 11-7 螯合物的生成

内装液体	加入试剂	现象	离子反应
$0.1mol \cdot L^{-1}NiCl_2$ + $2mol \cdot L^{-1}NH_3 \cdot H_2O$	$10g \cdot L^{-1}$ 丁二肟		

实验 12

配合物的组成与稳定常数的测定

【实验目的】

1. 学习用浓度比递变法测定配合物的组成和稳定常数。
2. 熟练掌握 7220 型分光光度计的使用方法。

【实验原理】

金属离子 M 和配体 L 形成配位化合物的反应为：

$$M+nL \rightleftharpoons ML_n \text{（忽略离子的电荷）}$$

方程式中的 n 为配合物的配位数，反应的平衡常数为配合物的稳定常数 K_s，它们可用分光光度法按浓度比递变法测定，将相同物质的量浓度的金属离子和配体，以不同的体积比混合至一定的总体积，在配合物最大吸收波长处测量其吸光度，当溶液中配合物的浓度最大时，配位数 n 为：

$$n=\frac{c_L}{c_M}=\frac{1-f}{f} \tag{1}$$

式中，c_M 和 c_L 分别为金属离子和配体的浓度；f 为金属离子在总浓度中所占分数。

$$c_M+c_L=c=\text{常数}$$

$$f=\frac{c_M}{c} \tag{2}$$

以吸光度对 f 作图。当 $f=0$ 或 1 时，配合物的浓度为零。图中吸光度值最大处的 f 值，即为配合物浓度达最大时的 f 值。1∶1 型配合物，吸光度值最大处的 f 值为 0.5，1∶2 型的 f 值为 0.34 等。

若配合物为 ML，测得的最大吸光度为 A，它略低于延长线交点的吸光度 A'，这是因为配合物有一定程度的解离，A'为配合物完全不解离时的吸光度值，A'与 A 之间差别愈小，说明配合物愈稳定。由此可计算出配合物的稳定常数：

$$K=\frac{[ML]}{[M][L]} \tag{3}$$

因配合物溶液的吸光度与配合物的浓度成正比，故

$$A/A'=\frac{[ML]}{c'} \tag{4}$$

式中，c'为配合物完全不解离时的浓度，其值为：

$$c'=c_M=c_L$$

而

$$[M]=[L]=c'-[ML]=c'-c'\frac{A}{A'}=c'\left(1-\frac{A}{A'}\right) \tag{5}$$

将式（4）和式（5）代入式（3），整理后得

$$K=\frac{A/A'}{(1-A/A')^2c'} \tag{6}$$

【主要仪器及试剂】

7220 型分光光度计、容量瓶（50mL×7）、吸量管（10mL×2）、滴管。

磺基水杨酸溶液（0.0100mol·L^{-1}）、硫酸铁铵溶液（0.0100mol·L^{-1}）、$HClO_4$ 溶液(0.1mol·L^{-1})。

【实验步骤】

1. 系列溶液的配制

如表 12-1 所示，用吸量管吸取 0.0100mol·L^{-1} 的磺基水杨酸溶液和 0.0100mol·L^{-1} 硫酸铁铵溶液于 7 个 50mL 容量瓶中，加 0.1mol·L^{-1} $HClO_4$ 稀释至刻度，摇匀，即得不同浓度的磺基水杨酸合铁溶液。

2. 配合物吸收曲线的测绘

用步骤 1 中 4 号溶液，以蒸馏水为参比，在波长 400～700nm 范围，每隔 20nm 测得一次吸光度，峰值附近每隔 5nm 测量一次，绘制吸收曲线，找出最大吸收波长。

3. 系列溶液的吸光度测量

将步骤 1 配制的溶液，以蒸馏水为参比。在配合物最大吸收波长处测其吸光度。

【思考讨论题】

1. 浓度比递变法测定配合物的稳定常数有什么条件?
2. 酸度对测定配合物的组成有什么影响?

【数据记录及处理结果】

实验数据记于表 12-1 和表 12-2。

（1）金属离子物质的量浓度与总物质的量浓度之比为横坐标，吸光度为纵坐标作图，求配合物组成。

表 12-1　磺基水杨酸合铁溶液的配制及吸光度 A 测定

实验序号	1	2	3	4	5	6	7
0.0100mol·L^{-1} 磺基水杨酸的体积/mL	1	2	3	5	7	8	9
0.0100mol·L^{-1} 硫酸铁铵溶液的体积/mL	9	8	7	5	3	2	1
0.1mol·L^{-1} $HClO_4$ 的体积/mL							
A							
$\frac{c_M}{c}$							

吸收光谱附图：

表 12-2　磺基水杨酸合铁溶液吸收光谱测定

λ/nm	
A	
λ_{max}	

（2）求磺基水杨酸合铁的稳定常数。

实验 13

氧化还原反应与电极电位的比较

【实验目的】

1. 加深对电极电位与氧化还原反应方向的关系，以及反应物浓度和介质酸度对氧化还原反应的影响等理论知识的理解。

2. 学习使用酸度计测定原电池电动势的方法。

【实验原理】

氧化还原反应是氧化剂和还原剂之间发生电子转移或偏移的过程。氧化剂在反应中得到了电子，还原剂失去了电子。这种得失电子能力的大小或氧化物强弱，可用它们的氧化态与还原态所组成的电对 Cl_2/Cl^-、Br_2/Br^-、I_2/I^-、Fe^{3+}/Fe^{2+} 等的电极电位的相对高低来衡量。一个电对的电极电位的代数值越大，其氧化态的氧化能力越强，其还原态的还原能力越弱；反之亦然。所以根据电极电位（φ）的大小，便可判断一个氧化还原反应进行的方向。例如：$\varphi(Cl_2/Cl^-)=1.358V$，$\varphi(Br_2/Br^-)=0.535V$，$\varphi(Fe^{3+}/Fe^{2+})=0.77V$，$\varphi(I_2/I^-)=0.54V$ 所以在下列反应中：

$$2Fe^{3+}+2I^- \xlongequal{} 2Fe^{2+}+I_2 \tag{1}$$

$$2Fe^{3+}+2Br^- \xlongequal{} 2Fe^{2+}+Br_2 \tag{2}$$

$$2Br^-+Cl_2 \xlongequal{} Br_2+2Cl^- \tag{3}$$

式（1）应向右进行，式（2）应向左进行，式（3）应向右进行。

即氧化态的氧化能力依次：$Cl_2>Br_2>Fe^{3+}>I_2$，还原态的还原能力为 $I^->Fe^{2+}>Br^->Cl^-$。

在 298K 时，浓度与电极电位的关系可由能斯特方程表示：

$$\varphi=\varphi^{\ominus}+\frac{0.05916}{n}\lg\frac{[Ox]}{[Red]}$$

氧化态和还原态浓度的改变都会影响其电极电位的大小。沉淀剂或配位剂的存在能够大大减少某一离子浓度时，对氧化还原反应的方向、速度和产物都会产生影响。有些氧化还原反应中，有 H^+ 参加，介质的酸度也会对 φ 值产生影响。例如对于半电池

$$\varphi=\varphi^{\ominus}(MnO_4^-/Mn^{2+})+\frac{0.05916}{5}\lg\frac{[MnO_4^-][H^+]^8}{[Mn^{2+}]}$$

$[H^+]$ 增大，可使氧化性增强。

单独的电极电位是无法测量的，只能从实验中测量两个电对组成的原电池电动势。在一定条件下一个原电池的电动势 E 为正、负电极的电极电位之差：

$$E=\varphi_+-\varphi_-$$

准确的电动势是用对消法在电位差计上测量。本实验只用酸度计进行近似测量。

【主要仪器及试剂】

pHS-3C 型酸度计、试管、试管架、烧杯（50mL）、铜电极、锌电极、玻棒、盐桥。

试剂名称	浓度	试剂名称	浓度
KI	$0.1mol \cdot L^{-1}$	$KMnO_4$	$0.1mol \cdot L^{-1}$
KBr	$0.1mol \cdot L^{-1}$	NaOH	$6mol \cdot L^{-1}$
$FeCl_3$	$0.1mol \cdot L^{-1}$	$CuSO_4$	$0.5mol \cdot L^{-1}$
$SnCl_2$	$0.1mol \cdot L^{-1}$	$NH_3 \cdot H_2O$	浓
Na_2SO_3	$0.1mol \cdot L^{-1}$	Br_2 水	饱和
$ZnSO_4$	$0.5mol \cdot L^{-1}$	I_2 水	饱和
$HgCl_2$	$0.1mol \cdot L^{-1}$	Cl_2 水	饱和
H_2SO_4	$3mol \cdot L^{-1}$	CCl_4	
HAc	$6mol \cdot L^{-1}$	H_2O_2	3%

【实验步骤】

1. 常见的氧化剂和还原剂反应

（1）$KMnO_4$ 的氧化性　在试管中加入 $0.1mol \cdot L^{-1}$ $KMnO_4$ 溶液 10 滴及 $3mol \cdot L^{-1}$ H_2SO_4 溶液 5 滴酸化，然后逐滴加入 3% H_2O_2 溶液，振荡试管并观察现象，解释并写出反应方程式。

（2）H_2O_2 的氧化性　在试管中加入 $0.1mol \cdot L^{-1}$ KI 溶液 10 滴及 $3mol \cdot L^{-1}$ H_2SO_4 溶液 5 滴酸化，再逐滴加入 3% H_2O_2溶液，边加边摇，观察现象并解释原因，写出反应方程式。

（3）$SnCl_2$ 的还原性　试管中加入 $0.1mol \cdot L^{-1}$ $HgCl_2$ 溶液 5 滴，再加入 $0.1mol \cdot L^{-1}$ $SnCl_2$ 溶液 2 滴，观察生成沉淀的颜色，写出反应式。继续滴加 $SnCl_2$ 溶液，观察沉淀颜色的变化，解释现象，写出反应式。

2. 电极电位与氧化还原反应的关系

（1）在试管中加入 10 滴 $0.1mol \cdot L^{-1}$ KI 溶液和 5 滴 $0.1mol \cdot L^{-1}$ $FeCl_3$ 溶液，摇匀后加入 10 滴 CCl_4。充分振荡，观察 CCl_4 液层颜色有无变化（I_2 在 CCl_4 中呈紫红色）。

（2）用 $0.1mol \cdot L^{-1}$ KBr 溶液代替 KI 溶液进行同样实验，观察现象（Br_2 在 CCl_4 中呈棕色）。

（3）在试管中先加入 10 滴 $0.1mol \cdot L^{-1}$ KBr 溶液，然后再加入氯水 4～5 滴，摇匀后，加入 10 滴 CCl_4，充分振荡，观察 CCl_4 液层颜色有无变化。

根据上述实验现象写出反应式，并定性比较 Cl_2/Cl^-、Br_2/Br^-、I_2/I^-、Fe^{3+}/Fe^{2+} 四个电对电极电位的相对高低。

3. 酸度对氧化还原反应的影响

（1）在 2 支各盛有 $0.1mol \cdot L^{-1}$ KBr 溶液 10 滴的试管中，分别加入 $3mol \cdot L^{-1}$ H_2SO_4 溶液 5 滴和 $6mol \cdot L^{-1}$ HAc 溶液 5 滴，然后各加入 $0.1mol \cdot L^{-1}$ $KMnO_4$ 溶液 2 滴，观察并比较两试管中紫色溶液褪色的快慢，写出反应方程式并解释原因。

（2）在 3 支各盛有 $0.1mol \cdot L^{-1}$ Na_2SO_3 溶液 10 滴的试管中，分别加入 $3mol \cdot L^{-1}$

H_2SO_4 溶液、蒸馏水和 6mol・L^{-1}NaOH 溶液各 10 滴，混匀后，再各加入 0.1mol・L^{-1} $KMnO_4$ 溶液 2 滴，观察颜色的变化，解释现象并写出反应试。

4. 浓度对电极电位的影响——测定原电池电动势

（1）往 2 只小烧杯中分别加入 0.5mol・$L^{-1}$$CuSO_4$ 溶液和 0.5mol・$L^{-1}$$ZnSO_4$ 溶液各 20mL，再分别插入 Cu 电极和 Zn 电极，装好盐桥。用酸度计测定该原电池的电动势 E。

（2）向 $CuSO_4$ 溶液中，按下述反应加入需要量的浓 $NH_3 \cdot H_2O$，搅拌析出沉淀后，再滴加浓 $NH_3 \cdot H_2O$ 使沉淀恰好溶解，测定其电动势 E_1。

$$2CuSO_4 + 2NH_3 \cdot H_2O = Cu_2(OH)_2SO_4 + (NH_4)_2SO_4$$

$$Cu_2(OH)_2SO_4 + 8NH_3 \cdot H_2O = 2[Cu(NH_3)_4]^{2+} + 2OH^- + SO_4^{2-} + 8H_2O$$

（3）用与（2）相同的方法，保持 $CuSO_4$ 溶液浓度不变，加浓 $NH_3 \cdot H_2O$ 于 $ZnSO_4$ 溶液中，测定其电动势 E_2：

$$ZnSO_4 + 2NH_3 \cdot H_2O = Zn(OH)_2 + (NH_4)_2SO_4$$

$$Zn(OH)_2 + 2NH_3 \cdot H_2O = [Zn(NH_3)_4]^{2+} + 2OH^- + 4H_2O$$

由上述（1）、（2）和（3）试验，说明浓度对电极电位的影响。

【思考讨论题】

1. 为什么 $KMnO_4$ 能氧化浓盐酸中的 Cl^-，而不能氧化氯化钠中的 Cl^-？

2. 酸度对 Cl_2/Cl^-、Br_2/Br^-、I_2/I^-、Fe^{3+}/Fe^{2+}、Cu^{2+}/Cu、Zn^{2+}/Zn 电对的电极电位有无影响？为什么？

3. 若用适量溴水、碘水分别与同浓度的 $FeSO_4$ 溶液反应，估计 CCl_4 液层中的颜色。

4. 根据能斯特方程说明浓度对电极电位的影响。

附注：

盐桥的制法　称取 1g 琼脂，放在 100mL 饱和 KCl 溶液中浸泡一会，加热煮成糊状，趁热倒入 U 形玻璃管（里面不能有气泡）中，冷却后即成。不用时应放在饱和 KCl 溶液中浸泡。

【数据记录及结果处理】

实验数据记入表 13-1 至表 13-4。

表 13-1　常见的氧化剂与还原剂的反应

实验项目	实验现象	反应方程式	解释或结论
$KMnO_4$ 的氧化性			
H_2O_2 的氧化性			
$SnCl_2$ 的还原性			

表 13-2　电极电位与氧化还原反应的关系

项目	实验现象	反应方程式	解释或结论
$KI + FeCl_3$			
$KBr + FeCl_3$			
$KBr + Cl_2$			
定性比较电对电极电位的高低			

表 13-3　酸度对氧化还原反应的影响

试液	酸/碱	增加试剂	颜色变化情况	反应式
KBr	H_2SO_4	$KMnO_4$		
	HAc			
Na_2SO_3	H_2SO_4	$KMnO_4$		
	H_2O			
	NaOH			

表 13-4　浓度对氧化还原反应的影响

原电池的组成	电极电位	结论

实验 14

吸光光度法测定水样中铁含量

【实验目的】

1. 熟悉吸光光度法测定铁含量的原理和方法。
2. 掌握 7220 型分光光度计的使用方法。

【实验原理】

根据 Lambert-Beer 定律，当具有一定波长的单色光通过一定厚度（b）的吸光介质时，吸光介质对光的吸收程度（用吸光度 A 表示）与溶液的浓度（c）呈线性关系。

$$A=\varepsilon bc$$

式中，c 是溶液的物质的量浓度；ε 是摩尔吸光系数，它是各种有色物质在一定波长下的特征常数。在吸光光度法中，当条件一定时，ε、b 均为常数，此时溶液的吸光度（A）与吸光介质的浓度成正比。

因此，一定条件下只要测出不同浓度的标准溶液的吸光度值，以浓度为横坐标、吸光度为纵坐标即可绘制标准曲线（或称工作曲线）。在同样条件下，测定待测溶液的吸光度值，然后从标准曲线找出其浓度。

吸光光度法测定通常要选择合适的波长，对某一溶液在不同波长下测定其吸光度，以吸光度对波长作图，可得吸收光谱，从吸收光谱中可找出最大吸收波长（λ_{max}）。

此外，溶液的酸度、显色剂的用量、显色的温度、时间及显色物质的组成等都会影响吸光度值测定，必要时可进行测定条件的选择。

邻菲罗啉（邻二氮菲）是目前吸光光度法测定铁含量的较好试剂，在 pH 值为 3～9 的溶液中，试剂与 Fe^{2+} 生成稳定的橘红色配合物（$\lg K_s=21.3$），$\varepsilon_{508}=1.1\times10^4 L\cdot mol^{-1}\cdot cm^{-1}$。该显色反应中铁必须是亚铁状态，因此，在显色前要加入还原剂，如盐酸羟胺，反应如下：

$$2Fe^{3+}+2NH_2OH\cdot HCl=2Fe^{2+}+N_2\uparrow+2H_2O+4H^++2Cl^-$$

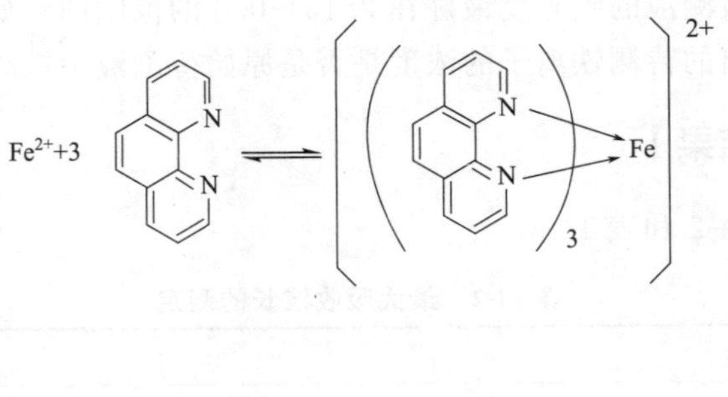

【主要仪器及试剂】

7220 型分光光度计、容量瓶（50mL）、刻度吸量管。

邻菲罗啉（1.5g·L^{-1}）、盐酸羟胺（100g·L^{-1}）、NaAc（1mol·L^{-1}）。

铁标准溶液（10μg·mL^{-1}）：准确称取 0.8634g $NH_4Fe(SO_4)_2\cdot 12H_2O$ 置于烧杯中，加入 6mol·L^{-1} HCl 20mL 和少量蒸馏水，溶解后转入 1000mL 容量瓶中，加蒸馏水稀释至刻度，摇匀备用。用吸量管吸取 10mL 上述溶液于 100mL 容量瓶中，加入 2mL 6mol·L^{-1} HCl 溶液，以蒸馏水稀释至刻度，摇匀。此溶液铁的质量浓度为 10μg·mL^{-1}。

【实验步骤】

1. 标准溶液和待测溶液的配制

取 50mL 容量瓶 7 个，按表 14-1 所列的量，用吸量管量取一定量的各种溶液加入到容量瓶中，加蒸馏水稀释至刻度，摇匀。即配成一系列标准溶液及待测溶液。

表 14-1　标准溶液及待测溶液的配制

容量瓶编号	1(空白)	2	3	4	5	6	7
标准铁溶液/mL	0	2.0	4.0	6.0	8.0	10.0	待测水样(10.00mL)
盐酸羟胺/mL	1.0	1.0	1.0	1.0	1.0	1.0	1.0
邻菲罗啉/mL	2.0	2.0	2.0	2.0	2.0	2.0	2.0
醋酸钠溶液/mL	5.0	5.0	5.0	5.0	5.0	5.0	5.0

2. 吸收光谱的测定

取表 14-1 中的 4 号瓶溶液，按 7220 型分光光度计的使用方法，选择波长为 450～560nm 范围内，以试剂空白作为参比溶液，每隔 10～20nm，测定一次溶液的吸光度，记录实验数据并绘制吸收光谱，找出最大吸收波长 λ_{max}。

3. 绘制标准曲线

选择波长 λ＝508nm，以试剂空白作为参比溶液，测出标准溶液的吸光度，以标准 Fe^{2+} 的浓度（μg·mL^{-1}）为横坐标、吸光度（A）为纵坐标绘制标准曲线。

4. 待测水样中 Fe^{2+} 浓度的测定

将所配待测水样在绘制标准曲线相同条件下测其吸光度，即可从标准曲线上查得其浓度。

【思考讨论题】

1. 为什么要控制被测液的吸光度最好在 0.15～0.8 的范围内？如何控制？
2. 由工作曲线查出的待测铁离子的浓度是否是原始待测液中铁离子的浓度？

【数据记录及处理结果】

实验数据记入表 14-2 和表 14-3。

表 14-2　最大吸收波长的测定

λ/nm	
A	

表 14-3　标准曲线

测定液编号	1	2	3	4	5	6	待测水样(10.00mL)
吸光度 A							

绘制标准曲线。

计算待测液（水样）的铁含量（$\mu g \cdot mL^{-1}$）。

实验 15
葡萄糖酸锌的制备

【实验目的】

1. 了解葡萄糖酸锌（治疗人体缺锌药物）的制备方法。
2. 学会测定锌盐的含量。

【实验原理】

葡萄糖酸钙与等物质的量的硫酸锌反应式：

$$Ca(C_6H_{11}O_7)_2+ZnSO_4 = Zn(C_6H_{11}O_7)_2+CaSO_4\downarrow$$

锌是过渡金属元素，在氨性缓冲溶液中，锌与螯合剂 EDTA 生成稳定的无色螯合物，借助金属指示剂的颜色变化，可用络合滴定法进行含量测定。

【主要仪器及试剂】

电子天平、恒温水浴锅、抽滤装置、酸式滴定管（50mL）、电炉、蒸发皿、烧杯、量筒、分析天平。

葡萄糖酸钙、$ZnSO_4\cdot 7H_2O$、95%乙醇、基准锌片、NH_3-NH_4Cl 缓冲溶液、EDTA 标准溶液（$0.01mol\cdot L^{-1}$）、铬黑 T 指示剂。

【实验步骤】

1. 制备

量取 80mL 蒸馏水置于 150mL 的烧杯中，加热至 80～90℃，加入 6.4g $ZnSO_4\cdot 7H_2O$ 使之完全溶解，将烧杯放在 90℃的恒温水浴中，再逐渐加入葡萄糖酸钙 10g，并不断搅拌。在 90℃水浴上静置保温 20min。趁热抽滤（用两层滤纸），滤液移至蒸发皿中（滤渣为 $CaSO_4$，弃去），将滤液在沸水浴上浓缩至黏稠状（体积约为 25mL）。滤液冷却至室温，加 20mL 95%乙醇（降低葡萄糖酸锌的溶解度），并不断搅拌，此时有大量的胶状葡萄糖酸锌析出，充分搅拌后，用倾滗法去除乙醇液。再加 20mL 95%乙醇，轻轻搅拌后，沉淀慢慢转变成晶体状，抽滤至干，即得粗品（母液回收）。

重结晶：粗品加水 20mL，加热（90℃）至溶解，趁热抽滤，滤液冷至室温，加 20mL 95%乙醇，充分搅拌，结晶析出后，抽滤至干，在 50℃条件下烘干。

2. 标定 EDTA 标准溶液

（1）准确称取 0.15～0.20g 基准锌片于干净的 50mL 烧杯中，加入约 5mL $6mol\cdot L^{-1}$ HCl 溶液，立即盖上表面皿，待锌片完全溶解后，以少量蒸馏水冲洗表面皿，将溶液定量转移到 250mL 容量瓶中，加蒸馏水至刻度，摇匀，计算 Zn^{2+} 标准溶液的浓度。

（2）在电子天平上称取 1.8～2.0g 乙二胺四乙酸二钠盐于 200mL 烧杯中，加蒸馏水溶解，然后倒入试剂瓶中，再加蒸馏水稀释至 500mL 左右，摇匀。

(3) 用移液管吸取 25.00mL Zn^{2+} 标准溶液于锥形瓶中，加 1 滴甲基红，再滴加 7mol·L^{-1} 氨水至溶液由红变黄，以中和溶液中过量的 HCl。然后，加 20mL 蒸馏水、10mL NH_3-NH_4Cl 缓冲溶液、2～3 滴 5g·L^{-1} 铬黑 T 指示剂，用待标定的 EDTA 溶液滴定至溶液由紫红色刚好变为蓝绿色，记下 EDTA 的体积。平行滴定 3 次，计算 EDTA 的准确浓度。

3. 含量测定

准确称取 0.8g 葡萄糖酸锌，溶于 20mL 水中（可微热），加 10mL NH_3-NH_4Cl 缓冲溶液，加铬黑 T 指示剂 4 滴，用 0.01mol·L^{-1} EDTA 标准溶液滴定至溶液呈蓝色。平行测定 3 次，计算样品中锌的含量：

$$w(\mathrm{Zn})=\frac{c(\mathrm{EDTA})V(\mathrm{EDTA})\times 65}{m_s\times 1000}\times 100\%$$

式中，c(EDTA) 为浓度，mol·L^{-1}；V(EDTA) 为体积，mL；m_s 为样品的质量，g。

【思考讨论题】

1. 了解微量元素锌在人体中的重要作用。
2. 为什么葡萄糖酸钙和硫酸锌的反应需保持在 90℃的恒温水浴中？

【数据记录及结果处理】

实验数据记入表 15-1 和表 15-2。

表 15-1　EDTA 标准溶液的标定

编号	1	2	3
V(EDTA)/mL			
V(EDTA)平均值/mL			
c(EDTA)/mol·L^{-1}			
相对偏差/%			
相对平均偏差/%			

表 15-2　产品含量测定

编号	1	2	3
m_s/g			
V(EDTA)/mL			
w(Zn)/%			
相对偏差/%			
相对平均偏差/%			

实验 16

食醋中醋酸含量的测定及小苏打片中碳酸氢钠含量的测定

【实验目的】

1. 了解食醋中醋酸含量的测定方法。
2. 了解药用小苏打片中 $NaHCO_3$ 含量的测定方法。
3. 熟悉酸碱滴定法及具体的应用。

【实验原理】

食醋以粮食为原料，经发酵、酿造将原料中的碳水化合物、蛋白质、脂肪等转变为醋酸、琥珀酸、苹果酸、柠檬酸等其他复杂的有机物，其中以醋酸含量（30～50g·L^{-1}）最多。在储存过程中，有机酸能与醇结合生成各种酯，增加食醋的风味，所以食醋中总酸含量也是食醋质量的重要指标。我国食醋卫生标准《食品安全国家标准　食醋》（GB 2719—2018）中规定醋酸（以醋酸计）指标≥3.5%。

醋酸为一元弱酸，其 $K_a=1.76\times10^{-5}$，可用 NaOH 标准溶液直接滴定，其反应式如下：

$$HAc+NaOH=\!=\!=NaAc+H_2O$$

化学计量点时 pH 值为 8.7，所以可选用酚酞作指示剂。

小苏打片为临床常用药品之一，是用 $NaHCO_3$ 加淀粉等压制而成。根据我国药典规定，本品 $NaHCO_3$ 含量应为标示量的 95%～105%。

碳酸氢钠的含量可用盐酸标准溶液直接进行滴定，滴定反应为：

$$NaHCO_3+HCl=\!=\!=NaCl+CO_2\uparrow+H_2O$$

在等量点时溶液 pH 值为 3.9，可选用甲基橙为指示剂，用 HCl 标准溶液滴定至橙色即为终点。

【主要仪器及试剂】

酸式滴定管（50mL）、碱式滴定管（50mL）、移液管（25mL）、锥形瓶（250mL）、吸量管（20mL）、容量瓶（100mL、250mL）、小烧杯（100mL）、玻棒、洗瓶、洗耳球。

食醋（白醋）、小苏打片、HCl 标准溶液、NaOH 标准溶液、酚酞指示剂、甲基橙指示剂。

【实验步骤】

1. 醋酸含量的测定

（1）样品的处理　市售醋含醋酸量较高，测定前应进行稀释，使其与 NaOH 标准溶液浓度相当。为此，用吸量管吸取食醋 10.00mL 加入 100mL 容量瓶中，加蒸馏水稀释至刻度，充分摇匀，制成食醋待测液。

(2) 食醋待测液的测定　用吸量管吸取食醋待测液 25.00mL，置于 250mL 锥形瓶中，加酚酞指示剂 1～2 滴，用 NaOH 标准溶液滴定至溶液呈微红色在 30s 内不褪色即为终点。记录结果，用同法重复测定 3 次，计算相对偏差。按下式计算 100mL 食醋中所含 HAc 的质量。

$$w(\mathrm{HAc})=\frac{c(\mathrm{NaOH})V(\mathrm{NaOH})\times\dfrac{M(\mathrm{HAc})}{1000}}{10.00\times\dfrac{25.00}{100.0}}\times 100\%$$

2. $NaHCO_3$ 含量测定

(1) 样品的处理　精确称取标示量为 0.5g 的小苏打片 2 片（称准至 0.1mg），置于小烧杯中，加 80mL 蒸馏水搅拌溶解后，将所得混合液定量转入 100mL 容量瓶中，用蒸馏水稀释至刻度，摇匀，即得小苏打待测溶液。

(2) 小苏打待测液的测定　用吸量管吸取上述小苏打待测液 20.00mL，置于 250mL 锥形瓶中，加甲基橙指示剂 1～2 滴，用 HCl 标准溶液滴定至橙色即为终点。平行测定 3 次，记录结果，计算相对偏差。小苏打片中 $NaHCO_3$ 的含量可按下式计算：

$$w(\mathrm{NaHCO_3})=\frac{c(\mathrm{HCl})V(\mathrm{HCl})M(\mathrm{NaHCO_3})}{m_s\times 1000}\times 100\%$$

式中，m_s 为所称样品小苏打片的质量。

【思考讨论题】

1. 吸量管使用前，为什么要用所吸溶液润洗 2～3 次？使用时应注意什么？
2. NaOH 标准溶液能滴定 HAc，HCl 标准溶液能否滴定 NaAc？
3. 在实验中，两种测定所使用的指示剂能否互换使用，说明理由。
4. NaOH 标准溶液如果放置太久，会吸收空气中的 CO_2，再去测定 HAc 的含量将有何影响？

【数据记录及结果处理】

实验数据记入表 16-1 和表 16-2。

表 16-1　食醋中 HAc 含量的测定

测定序号	1	2	3
食醋样品的体积/mL			
NaOH 标准溶液的浓度/$mol\cdot L^{-1}$			
NaOH 标准溶液的用量/mL			
$w(HAc)$/%			
$w(HAc)$平均值/%			
相对偏差/%			
平均相对偏差/%			

表 16-2　小苏打片中 $NaHCO_3$ 含量的测定

测定序号	1	2	3
小苏打样品的质量/g			
HCl 标准溶液的浓度/$mol \cdot L^{-1}$			
HCl 标准溶液的用量/mL			
$w(NaHCO_3)$/%			
$w(NaHCO_3)$平均值/%			
相对偏差/%			
相对平均偏差/%			

实验 17
阿司匹林片剂中乙酰水杨酸含量的测定

【实验目的】

1. 学习返滴定法的原理与操作。

2. 熟悉用酸碱滴定法测定阿司匹林片剂含量。

【实验原理】

阿司匹林（Aspirin）也叫乙酰水杨酸［2-(乙酰氧基)苯甲酸］，有解热、镇痛、消炎、抗风湿及抗血小板聚集等作用，由水杨酸和乙酸酐合成。乙酰水杨酸是有机弱酸（pK_a＝3.49），微溶于水，易溶于乙醇，在 Na_2CO_3 溶液或 NaOH 溶液中溶解并同时分解。

由于乙酰水杨酸易水解产生水杨酸和乙酸，在制剂生产和储存过程中均可能有水解产物引入片剂中，此外，片剂中加有少量酒石酸或枸橼酸作稳定剂，这些酸性物质的存在，在用中和法测定乙酰水杨酸时，均能消耗 NaOH 溶液，测定结果偏高。故不能采用直接滴定法，可采用返滴定法进行测定。首先将药片研磨成粉状后加入过量的 NaOH 标准溶液，加热一段时间使乙酰基水解完全，再以酚酞为指示剂，用 HCl 标准溶液返滴定过量的 NaOH，滴定至溶液由红色变为接近无色即为终点。即：

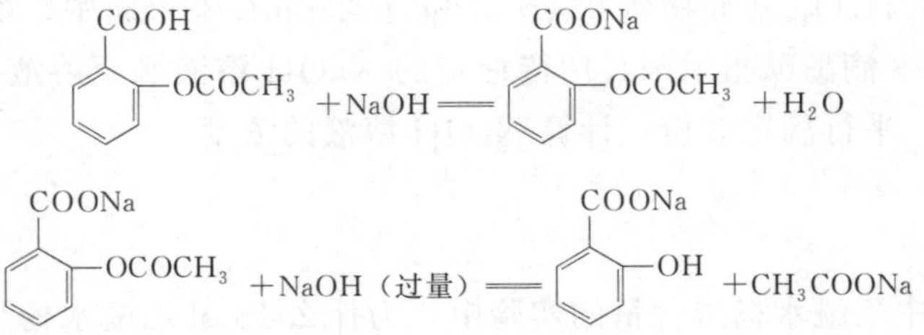

在上述反应中，1mol 乙酰水杨酸消耗 2mol NaOH。

用 HCl 标准溶液滴定剩余的 NaOH 溶液：

$$NaOH+HCl \longrightarrow NaCl+H_2O$$

由于 NaOH 溶液在加热过程中易吸收空气中的 CO_2，用酸回滴时会造成测定误差，故需在同样条件下做空白试验以校正碱滴定液。

根据水解时所消耗的碱量，计算出样品中乙酰水杨酸的含量。

【主要仪器及试剂】

分析天平、研钵、称量瓶、量筒、烧杯（100mL）、锥形瓶（250mL）、水浴锅、酸式滴定管（50mL）、碱式滴定管（50mL）、移液管（10mL、25mL）。

阿司匹林片、NaOH 溶液（$1mol \cdot L^{-1}$）、HCl 标准溶液（$0.1mol \cdot L^{-1}$）、邻苯二甲酸氢钾基准物质、酚酞指示剂、甲基橙指示剂。

【实验步骤】

1. 0.1$mol \cdot L^{-1}$ HCl 溶液的标定

用差减法准确称取 0.13～0.15g 基准 Na_2CO_3，置于 250mL 锥形瓶中，加入 20～30mL 蒸馏水使之溶解后，滴加 1 滴甲基橙指示剂，用待标定的 HCl 溶液滴定，溶液由黄色变为橙色即为终点。平行滴定 3 份，根据所消耗的 HCl 体积计算 HCl 溶液的浓度。

2. 药片中乙酰水杨酸含量的测定

将阿司匹林药片研成粉末后，准确称取约 0.6g 药粉于干燥的 100mL 烧杯中，用移液管准确加入 25.00mL 1$mol \cdot L^{-1}$ NaOH 标准溶液后，用量筒加 30mL 蒸馏水，盖上表面皿，轻摇几下，至近沸水浴加热 15min，迅速用流动的水冷却，将烧杯中的溶液定量转移至 100mL 容量瓶中，用蒸馏水稀释至刻度，摇匀。准确移取上述试液 10.00mL 于 250mL 锥形瓶中，加 20～30mL 蒸馏水、2～3 滴酚酞指示剂，用 0.1$mol \cdot L^{-1}$ HCl 标准溶液滴至红色刚好消失即为终点。平行测定 3 份，根据所消耗的 HCl 溶液的体积计算药片中乙酰水杨酸的质量分数。

3. NaOH 标准溶液与 HCl 标准溶液体积比的测定（空白试验）

用移液管准确移取 25.00mL 1$mol \cdot L^{-1}$ NaOH 溶液于 100mL 烧杯中，在与测定药粉相同的实验条件下进行加热，冷却后，定量转移至 100mL 容量瓶中，稀释至刻度，摇匀。准确移取上述试液 10.00mL 于 250mL 锥形瓶中，加 20～30mL 蒸馏水、2～3 滴酚酞指示剂，用 0.1$mol \cdot L^{-1}$ HCl 标准溶液滴至红色刚好消失即为终点。平行测定 3 份，计算 $V(NaOH)/V(HCl)$ 值。

4. 0.1$mol \cdot L^{-1}$ NaOH 溶液的标定

准确称取 $KHC_8H_4O_4$ 基准物质 0.4～0.6g 于 250mL 锥形瓶中，加约 50mL 蒸馏水溶解，摇匀。加入 2～3 滴酚酞指示剂，用待标定的 NaOH 溶液滴至溶液呈微红色，保持 30s 不褪色，即为终点。平行滴定 3 份，计算 NaOH 溶液的浓度。

【思考讨论题】

1. 在测定药片中乙酰水杨酸含量的实验中，为什么 1mol 乙酰水杨酸消耗 2mol NaOH，而不是 3mol NaOH？返滴定后的溶液中，水解产物的存在形式是什么？

2. 用返滴定法测定乙酰水杨酸，为何须做空白试验？

【数据记录及结果处理】

实验数据记录于表 17-1 至表 17-4。

表 17-1　0.1$mol \cdot L^{-1}$ HCl 溶液的标定

编号	1	2	3
$m(Na_2CO_3)/g$			
$V(HCl)/mL$			
$c(HCl)/mol \cdot L^{-1}$			
平均浓度$/mol \cdot L^{-1}$			

表 17-2　药片中乙酰水杨酸含量的测定

编号	1	2	3
m(药片试样)/g			
V(移取试液)/mL			
V(HCl)/mL			
w(乙酰水杨酸)/%			
乙酰水杨酸含量平均值			

表 17-3　NaOH 标准溶液与 HCl 标准溶液体积比的测定

编号	1	2	3
V(NaOH)/mL			
V(HCl)/mL			
V(NaOH)/V(HCl)			
平均体积比[V(NaOH)/V(HCl)]			

表 17-4　0.1mol·L^{-1} NaOH 溶液的标定

编号	1	2	3
$m(KHC_8H_4O_4)$/g			
V(NaOH)/mL			
c(NaOH)/mol·L^{-1}			
平均浓度/mol·L^{-1}			

实验 18

生活用水总硬度的测定（螯合滴定法）

【实验目的】

1. 熟悉螯合滴定法的基本原理。
2. 掌握生活用水总硬度测定的条件和操作方法。
3. 熟悉铬黑 T 指示剂的使用。

【实验原理】

天然水如自来水、河水、井水常含有各种可溶性的钙盐和镁盐，称为硬水，使用时常需要测定其硬度。水的硬度分暂时硬度和永久硬度。暂时硬度主要是由于水中含的 $Ca(HCO_3)_2$ 和 $Mg(HCO_3)_2$ 在煮沸时变成碳酸盐，大部分可以沉淀析出，使水的硬度降低；永久硬度主要是由于水中含的钙、镁碳酸盐、硫酸盐和氯化物，煮沸时不析出。水的总硬度是指水中 Ca^{2+}、Mg^{2+} 的总含量，通常以 Ca^{2+} 的物质的量浓度表示，符号为 $c(Ca^{2+})$，单位是 $mmol \cdot L^{-1}$。$1mmol \cdot L^{-1}$ 为 1 度。

一般采用螯合滴定法来测定水的总硬度。常用的标准溶液是乙二胺四乙酸二钠盐，用简式 $Na_2H_2Y \cdot 2H_2O$ 表示，习惯上称为 EDTA，它在溶液中以 Y^{4-} 的形式与 Ca^{2+}、Mg^{2+} 配位，形成 1∶1 的无色螯合物。即

$$Ca^{2+} + Y^{4-} = CaY^{2-}$$

$$Mg^{2+} + Y^{4-} = MgY^{2-}$$

用 EDTA 滴定时，必须借助于金属指示剂确定滴定终点。常用的金属指示剂为铬黑 T，它在 $pH \approx 10.0$ 的条件下，以纯蓝色游离的碱式离子 HIn^{2-} 形式存在，与 Ca^{2+}、Mg^{2+} 形成酒红色的指示剂配合物，反应通式为：

$$M^{2+} + \underset{\text{蓝色}}{HIn^{2-}} = \underset{\text{酒红色}}{MIn^{-}} + H^{+}$$

Ca^{2+}、Mg^{2+} 与 EDTA、铬黑 T 形成的配合物的稳定性不同，其稳定性大小的顺序为：

$$CaY^{2-} > MgY^{2-} > MgIn^{-} > CaIn^{-}$$

滴定前，先用 $NH_3 \cdot H_2O\text{-}NH_4Cl$ 缓冲溶液调节溶液的 pH 值约为 10.0；再加入铬黑 T 指示剂，铬黑 T 首先与水中存在的少量 Mg^{2+} 发生配位反应，形成酒红色的 $MgIn^{-}$；然后用 EDTA 标准溶液滴定，滴入的 EDTA 分别与水中游离的 Ca^{2+}、Mg^{2+} 发生配位反应生成无色螯合物，溶液仍是酒红色的；临近终点时，水中游离的 Ca^{2+}、Mg^{2+} 反应完，只剩下很少量酒红色的 $MgIn^{-}$，因 MgY^{2-} 稳定性大于 $MgIn^{-}$，此时滴入 1～2 滴 EDTA，即可夺取 $MgIn^{-}$ 中的 Mg^{2+}，使铬黑 T 游离出来，溶液就从酒红色变为蓝色，指示终点的到达。

根据等物质的量反应规则，由 EDTA 标准溶液的浓度和消耗的体积，按下式计算水的总硬度：

$$c(Ca^{2+})=\frac{c(EDTA)V(EDTA)}{V(水)}$$

若水的硬度比较大，在 pH≈10.0 时，常出现 $CaCO_3$ 和 $MgCO_3$ 沉淀，使溶液浑浊

$$HCO_3^- + Ca^{2+} + OH^- \rightleftharpoons CaCO_3 + H_2O$$

$$HCO_3^- + Mg^{2+} + OH^- \rightleftharpoons MgCO_3 + H_2O$$

在这种情况下，滴定到“终点”时，常出现返色现象，使终点难以确定，滴定结果的重现性差。为此，可先将水样酸化，并稍加热后振荡，以除去 HCO_3^-。

标定 EDTA 溶液的准确浓度，所用的基准物质有 $MgCO_3$、$CaCO_3$、Zn 等，标定也是在 pH 值约为 10.0 的条件下进行。本实验选用 $MgCO_3$ 作基准物质。计算公式：

$$c(EDTA)=\frac{m(MgCO_3)}{M(MgCO_3)V(EDTA)}$$

【主要仪器及试剂】

烧杯（50mL、100mL）、容量瓶（100.00mL、250.00mL）、吸量管（25.00mL）、移液管架、量筒（10mL、100mL）、试剂瓶（500mL）或聚乙烯瓶、洗瓶、碱式滴定管、电子天平、分析天平、称量瓶。

EDTA（固）、$MgCO_3$（AR）、$NH_3 \cdot H_2O$（$9mol \cdot L^{-1}$）、HCl（$3mol \cdot L^{-1}$）、三乙醇胺、NH_4Cl（固）、铬黑 T（固）、浓氨水、pH≈10.0 NH_3-NH_4Cl 缓冲溶液（称 2g NH_4Cl，加浓氨水 7.2mL，加蒸馏水稀至 100mL）、铬黑 T 指示剂（临用时配制：取 0.5g 铬黑 T，加三乙醇胺 20mL，加蒸馏水稀至 100mL）、精密 pH 试纸。

【实验步骤】

1. EDTA 标准溶液的配制

称取 EDTA（固体）1.5g 于小烧杯中，微热溶解后，稀释至 400mL 得约 $0.01mol \cdot L^{-1}$ EDTA 溶液，储存于 500mL 试剂瓶（最好是聚乙烯瓶）中备用。

2. EDTA 标准溶液的标定

准确称取 $MgCO_3$（110℃干燥 2h 至恒重）0.2000～0.2200g 置于洁净烧杯中，加 5 滴蒸馏水润湿，用滴管缓慢滴入 $3mol \cdot L^{-1}$ HCl 约 3mL，搅拌溶解，移入 250.00mL 容量瓶中，用蒸馏水稀释至刻度，摇匀待用。准确移取 $MgCO_3$ 标准溶液 25.00mL 于 250mL 锥形瓶中，滴加约 4 滴 $9mol \cdot L^{-1}$ $NH_3 \cdot H_2O$ 调节 pH≈10.0，再加 NH_3-NH_4Cl 缓冲溶液 8mL、铬黑 T 指示剂 2 滴，用 EDTA 标准溶液滴定，临近滴定终点时应缓慢滴加，并充分振荡，直到溶液由酒红色变为纯蓝色时为止，即为终点。记录消耗 EDTA 标准溶液的体积，平行实验 3 次。计算 EDTA 溶液准确浓度的平均值。

3. 水总硬度的测定

准确吸取自来水水样 100.00mL 于 250mL 锥形瓶中，加入 $9mol \cdot L^{-1}$ $NH_3 \cdot H_2O$ 约 4 滴至 pH≈10.0，再加 NH_3-NH_4Cl 缓冲溶液 5mL、铬黑 T 指示剂 2 滴，用 EDTA 标准溶液滴定，至溶液由酒红色变为纯蓝色为终点。记录所用 EDTA 标准溶液的体积，平行测定 3 次，计算水总硬度的平均值。

【思考讨论题】

1. 什么叫水的硬度？如何表示？

2. 在标定 EDTA 溶液和测定水的硬度时，为什么要加入 pH≈10.0 的 NH_3-NH_4Cl 缓冲溶液？

3. 为什么不用 EDTA 直接配制准确浓度的标准溶液？

【数据记录及处理结果】

实验数据记入表 18-1 和表 18-2。

表 18-1　EDTA 标准溶液的标定

编号	1	2	3
V(EDTA)/mL			
V(EDTA)平均值/mL			
c(EDTA)/(mol·L^{-1})			

表 18-2　EDTA 滴定自来水的总硬度

编号	1	2	3
V(EDTA)/mL			
V(EDTA)平均值/mL			
水样总硬度/[mmol($CaCO_3$)·L^{-1}]			

实验 19

高锰酸钾法测定双氧水中 H_2O_2 的含量

【实验目的】

1. 了解 $KMnO_4$ 标准溶液的配制和标定方法。

2. 掌握用 $KMnO_4$ 法测定过氧化氢含量的原理和方法。

3. 进一步熟练掌握滴定管的使用方法。

【实验原理】

双氧水是医药上常用的消毒剂，药用双氧水含 H_2O_2 2.5～3.5，含量的测定常用高锰酸钾法。

高锰酸钾法是以 $KMnO_4$ 为标准溶液的氧化还原滴定法。在强酸性溶液中 $KMnO_4$ 被还原成近乎无色的 Mn^{2+}，H_2O_2 被氧化成 H_2O 和 O_2。

$$2KMnO_4+5H_2O_2+3H_2SO_4 = 2MnSO_4+K_2SO_4+5O_2+8H_2O$$

过氧化氢受热易分解，故此滴定应在室温下进行。

上述反应为自身催化作用。滴定开始时，反应速度较慢，随着反应过程中生成少量 Mn^{2+}，Mn^{2+} 能催化反应，反应速度大大加快，故开始时滴定速度不宜太快。

浓度为 $2\times10^{-6}mol\cdot L^{-1}$ 的 $KMnO_4$ 溶液仍呈现出明显的淡红色，故自身可作指示剂。当溶液显色（明显的淡红色）时即为滴定终点。

溶液的酸性用 H_2SO_4 调节，不能用盐酸或硝酸调节。酸度控制在 $1\sim2mol\cdot L^{-1}$ 为宜。酸度过高，会使 $KMnO_4$ 分解，酸度过低，会产生 MnO_2 褐色沉淀，妨碍滴定终点的观察。

市售的 $KMnO_4$ 试剂常含有少量 MnO_2 和其他杂质，蒸馏水中也常含有微量的还原物质。因此，$KMnO_4$ 标准溶液不宜用直接法配制，而是配成近似浓度溶液，在避光低温处放置，再用基准物质标定。

标定 $KMnO_4$ 溶液浓度的基准物质有 $Na_2C_2O_4$、$(NH_4)_2SO_4\cdot FeSO_4\cdot 6H_2O$、$H_2CO_4\cdot 2H_2O$ 等，其中 $Na_2C_2O_4$ 精制简单、不含结晶水、吸湿性小和热稳定性好，故常被采用。其标定反应为：

$$2KMnO_4+5Na_2C_2O_4+8H_2SO_4 = 2MnSO_4+K_2SO_4+5Na_2SO_4+10CO_2\uparrow+8H_2O$$

标定时，应在酸性溶液、加热 75～85℃的条件下进行，滴定时温度不宜超过 90℃，防止部分 $H_2C_2O_4$ 分解。为了使标定反应较快且定量地进行，还要注意控制酸度、滴定速度等条件。

【主要仪器及试剂】

分析天平、电子天平、酸式滴定管（50mL）、移液管（10mL、25mL）、容量瓶（250mL）、锥形瓶（250mL）、烧杯（150mL、500mL）、量筒（100mL）、棕色试剂瓶（500mL）、砂芯漏斗。

$KMnO_4$（固体，AR）、$Na_2C_2O_4$（固体，基准物质）、H_2SO_4（$6mol \cdot L^{-1}$）、药用双氧水（2.5%～3.5%）。

【实验步骤】

1. $0.02mol \cdot L^{-1}$ $KMnO_4$ 溶液的配制

用电子天平称取 $KMnO_4$ 约 1.5g，置于烧杯中，加蒸馏水溶解，稀释至 500mL，盖上表面皿加热，保持微沸状态 1h，静置 2d 以上（或用沸水溶解，静置 7～8d）。然后用砂芯漏斗或玻璃棉过滤（不能用滤纸，能被 $KMnO_4$ 氧化），除去析出的 MnO_2 沉淀。滤液置于棕色试剂瓶中，避光密闭保存，以待标定。

2. $KMnO_4$ 标准溶液的标定

准确称取基准物质 $Na_2C_2O_4$ 1.6～1.7g（精确度 0.1mg），置于烧杯中，加适量蒸馏水使之溶解，定量转移至 250mL 容量瓶中，加蒸馏水稀释至标线，摇匀。

用移液管吸取 $Na_2C_2O_4$ 标准溶液 25.00mL，置于 250mL 锥形瓶中，加 $6mol \cdot L^{-1}$ H_2SO_4 8mL，摇匀。加热溶液至有蒸气冒出（75～85℃），趁热用 $KMnO_4$ 溶液滴定，待第一滴紫红色褪去，再滴加第二滴。此后滴定速度控制在每秒 2～3 滴为宜。接近终点时，应减慢滴定速度，且充分摇匀，直到溶液显淡红色（保持 30s 不褪色）即达滴定终点。平行标定 3 次。按下式计算 $KMnO_4$ 标准溶液的准确浓度：

$$c(KMnO_4)=\frac{2}{5}\times\frac{m(Na_2C_2O_4)\times 1000}{M(Na_2C_2O_4)\times V(KMnO_4)}$$

式中，$m(Na_2C_2O_4)$ 为实际参加反应的量。

3. 双氧水中 H_2O_2 含量的测定

用移液管吸取药用双氧水 10.00mL 置于 250mL 容量瓶中，加蒸馏水稀释至标线，摇匀。然后用移液管吸取 25.00mL 稀释后的双氧水待测液，置于 250mL 锥形瓶中，加蒸馏水 25mL 和 $6mol \cdot L^{-1}$ H_2SO_4 8mL，用 $KMnO_4$ 标准溶液滴至溶液显淡红色（保持 30s 不褪色），即为滴定终点。平行测定 3 次。按下式计算双氧水中 H_2O_2 的百分含量：

$$w(H_2O_2)=\frac{\frac{5}{2}\times c(KMnO_4)\times V(KMnO_4)\times M(H_2O_2)}{V(H_2O_2)\times\frac{25.00}{250}\times 1000}\times 100\%$$

【思考讨论题】

1. 用 $Na_2C_2O_4$ 为基准物标定 $KMnO_4$ 溶液时，应注意哪些反应条件？

2. 用高锰酸钾法滴定双氧水能否用 HNO_3 或 HCl 来控制酸度？能否采用加热或加催化剂等方法来加快反应速度？为什么？

3. 在装满 $KMnO_4$ 溶液的烧杯或滴定管久置后，其壁上常有棕色沉淀，且不易洗净，该棕色沉淀是什么？应该怎样洗涤？

【数据记录及结果处理】

实验数据记录于表 19-1 和表 19-2。

表 19-1　标定 $KMnO_4$ 溶液浓度

测定序号	1	2	3
基准物 NaC_2O_4 的质量/g			
$KMnO_4$ 溶液体积/mL			
$KMnO_4$ 溶液浓度/$mol \cdot L^{-1}$			
$KMnO_4$ 溶液浓度平均值/$mol \cdot L^{-1}$			
相对偏差/%			
相对平均偏差/%			

表 19-2　过氧化氢含量的测定

测定序号	1	2	3
H_2O_2 样品体积/mL			
$KMnO_4$ 溶液用量/mL			
$w(H_2O_2)$			
$w(H_2O_2)$平均值			
相对偏差/%			
相对平均偏差/%			

实验 20

果品总酸度的测定

【实验目的】

1. 熟悉滴定分析法的原理、方法与应用。
2. 了解食品在测定前的一般处理方法。

【实验原理】

食品中的有机酸影响食品的香味、颜色、稳定性和质量的好坏。当然，植物食品的酸度在不同的地域和不同的阶段或因其成熟程度和生长条件不同而异。如葡萄，未成熟时主要是苹果酸，随着果实的成熟，苹果酸含量减少，酒石酸含量增加，最后酒石酸变成酒石酸钾。此外，测定果蔬的酸度和糖的相对含量比，可以判断其成熟度。如柑橘类水果的糖酸比，已用于判断柑橘的成熟度。有机酸是果蔬的特有成分，它的存在，增加果蔬酸味。

水果中富含有机酸，如乙酸、柠檬酸、苹果酸、酒石酸等，这些有机酸可以用碱的标准溶液滴定，以酚酞为指示剂。根据所消耗的碱的浓度和体积，即可求出果品中的总酸度：

$$有机酸含量=c(\mathrm{NaOH})V(\mathrm{NaOH})K/m_s\times100\%$$

式中，m_s 为实际滴定的试样量，g；$V(\mathrm{NaOH})$ 为滴定果品本身所消耗的 NaOH 标液量，mL；$c(\mathrm{NaOH})$ 为滴定果品 NaOH 浓度，$\mathrm{mol\cdot L^{-1}}$；K 为有机酸基本单元的换算系数，其取值参考表 20-1。

表 20-1 有机酸的换算系数

有机酸名称	K
柠檬酸(带 1 分子水)	0.064
苹果酸	0.067
醋酸	0.060
酒石酸	0.075
乳酸	0.090
琥珀酸	0.059
草酸	0.045

* 分析芸香科柑橘类果实和越橘科浆果时按柠檬酸计算。分析仁果、核果类及大部分浆果类时按苹果酸计算。由于果品中酸值较低，故应对所有用去离子水作空白实验。

【主要仪器及试剂】

电子天平、碱式滴定管、锥形瓶、匀浆器、容量瓶（250mL)、过滤装置、移液管、烧杯。

NaOH（固体)、酚酞指示剂、水果样品。

【实验步骤（可自行设计）】

1. 配制 $0.05mol \cdot L^{-1}$ NaOH 标准溶液。

步骤见实验 2。

2. 滴定材料的制备

取甜橙，去皮去膜去络去核，将剩余部分置于研钵中，捣碎，称取制成糊状的果肉约 20g（准至小数后两位）于洁净干燥的小烧杯中，用纱布过滤至小锥形瓶中，再挤干，得到的汁液用脱脂棉过滤。将汁液定容在 250mL 容量瓶中，摇匀。移取 25.00mL 滤液于锥形瓶中，加 1～2 滴酚酞指示剂，以 NaOH 标液滴定至终点（粉红色，且 0.5min 内不褪色）。平行测定 3 次。

另移取 25.00mL 去离子水，以 NaOH 标液滴定至酚酞终点。平行测定 3 次。

【思考讨论题】

1. 做空白实验的目的是什么？
2. 测定时，用什么仪器称取果品试样？
3. 本测定中，将样品残渣也一起进行定容，对结果有无影响？
4. 新制橙汁与橙汁上清液的 pH 有差别吗？通过对比实验来比较。
5. 果品的口感和酸度是什么关系？

【数据记录及处理结果】

实验数据记入表 20-2 和表 20-3。

表 20-2　NaOH 溶液的标定

测定序号	1	2	3
$KHC_8H_4O_4$ 的质量/g			
NaOH 溶液的用量/mL			
NaOH 溶液的浓度/$mol \cdot L^{-1}$			
相对偏差/%			
相对平均偏差/%			

表 20-3　果品总酸度的测定

测定序号	1	2	3
样品量/g			
NaOH 标准溶液的浓度/$mol \cdot L^{-1}$			
NaOH 溶液的用量/mL			
果品的总有机酸含量/%			
酸含量平均值/%			
相对偏差/%			
相对平均偏差/%			

实验 21
肉制品中亚硝酸盐含量的测定

【目的要求】

1. 熟悉分光光度法的基本原理。
2. 学习肉制品中亚硝酸盐含量的测定方法。
3. 熟悉 7200 型分光光度计的基本原理和使用方法。

【实验原理】

$NaNO_3$ 和 $NaNO_2$ 被广泛地用作肉制品的色料和防腐剂，但亚硝酸盐可以与胺反应产生致癌物质亚硝胺。在某种程度上来说，硝酸盐并没有害，但其可以转变成有害的亚硝酸盐。现在食品检验规定肉制品中亚硝酸盐的含量不得超过 $200mg \cdot kg^{-1}$，将来这一标准还会进一步提高。因此，亚硝酸盐含量的分析越来越受到关注。

硝酸盐首先被还原为亚硝酸盐，再与对氨基苯磺酸和盐酸萘乙二胺偶合形成染料。其化学反应如下：

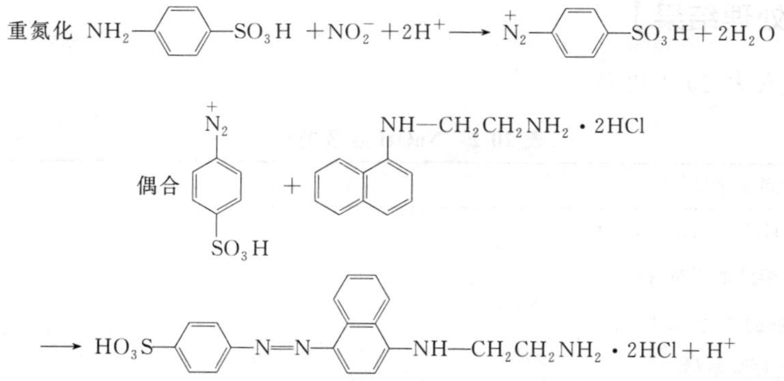

根据 Lambert-Beer 定律，有色物质溶液的吸光度 A 与吸光介质的浓度 c 呈线性关系，其表达式为：

$$A=\varepsilon bc \quad 或 \quad A=abc$$

式中，c 是溶液的浓度；ε 是摩尔吸光系数，它是吸光物质在一定波长下的特征常数；b 为液层厚度。在分光光度法中，当入射光波长和液层厚度一定时，c、b 均为常数，此时，吸光度 A 与吸光介质的浓度 c 成正比。因此，以吸光度对标准溶液的浓度作图，即可绘制标准曲线。通过标准曲线可获得对应的被测溶液的浓度。

测定的第一步是选择合适的波长。对某一溶液在不同波长下测定其吸光度，以吸光度对波长作图，即可得吸收曲线；通过该曲线可获得实验波长。本实验选择 538nm 光为入射光来进行亚硝酸盐含量的测定。

【主要仪器及试剂】

7200 型分光光度计、电子天平、搅拌器、砂芯漏斗、量筒（10mL，100mL）、移液管

(1mL，10mL)、吸量管（20mL)、容量瓶（250mL)、烧杯（150mL，500mL)、洗瓶、胶头滴管、洗耳球、玻棒、吸滤瓶、棉布、水流抽气泵。

试样（其萃取物中 $NaNO_2$ 含量大于 $4mg \cdot kg^{-1}$)、NH_3-NH_4Cl 缓冲溶液（加 20mL HCl 溶液于 500mL 水中，再加 50mL 浓氨水，加水稀释至 1L)、pH 试纸、饱和硫酸铝钾溶液、$NaNO_2$ 标准储备液（$100\mu g \cdot L^{-1}$)、显色剂（将 5g 对氨基苯磺酸溶解在 140mL 冰乙酸中，用 800mL 水稀释，再加 200mg 盐酸萘乙二胺，用水稀释至 1L)。

【实验步骤】

1. 肉制品的处理

在搅拌器中加 20g 肉制品、70mL 热水和 5mL NH_3-NH_4Cl 缓冲溶液，搅碎。将混合物倒入烧杯，用热水清洗搅拌器，将清洗液合并于上述混合物中。

用棉布过滤掉粗糙的不溶物，再减压过滤一次。滤液转移至 500mL 烧杯中，水浴加热到 80℃，用饱和硫酸铝钾溶液调节 pH 值为 6±0.2，冷却至室温，让悬浮物凝结，再次减压过滤，将滤液定量转移到 250mL 容量瓶中，定容备用。

2. 亚硝酸盐含量的测定

将储备液加水稀释，按表 21-1 配制含 $NaNO_2$ $4 \sim 20/\mu g \cdot L^{-1}$ 的标准系列。

表 21-1　标准系列配制

$V(NaNO_2$ 储备液$)/mL$	4.00	8.00	12.00	16.00	20.00
V(总)	100.00	100.00	100.00	100.00	100.00
浓度/$\mu g \cdot L^{-1}$	4	8	12	16	20
编号	A	B	C	D	E

用移液管分别移取 1.00mL 试样、标准系列和蒸馏水（空白）于 10.00mL 显色剂中（见表 21-2)，充分混合，放置 15min 让其显色完全，于 538nm 处测定吸光度。根据结果绘制标准工作曲线，通过该曲线确定肉制品中 $NaNO_2$ 的含量。

表 21-2　$NaNO_2$ 的测定

编号	1	2	3	4	5	6	7
物质	A	B	C	D	E	试样	H_2O
V(物质)/mL	1.00	1.00	1.00	1.00	1.00	1.00	1.00
V(显色剂)/mL	10.00	10.00	10.00	10.00	10.00	10.00	10.00
A(吸光度)							

【思考讨论题】

如果溶液为红色，该溶液对红色的光是吸收还是透过？

实验 22

$[Ti(H_2O)_6]^{3+}$ $[Cr(H_2O)_6]^{3+}$ 晶体场分裂能的测定和比较

【目的要求】

1. 学习应用分光光度法测定配合物的分裂能。
2. 进一步熟练掌握 7200 型分光光度计的使用方法。
3. 了解配合物的吸收光谱及中心离子对晶体场分裂能大小的影响。

【实验原理】

过渡金属离子的 d 轨道在晶体场的影响下会发生能级分裂（见图 22-1）。金属离子的 d 轨道没有被电子充满时，处于低能量 d 轨道上的电子吸收了一定波长的可见光后，就跃迁到高能量的 d 轨道，这种 d-d 跃迁的能量差可以通过实验测定。

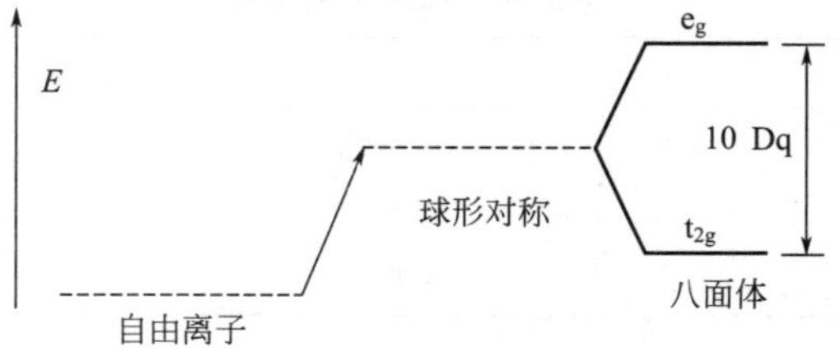

图 22-1　Ti^{3+} 中 d 轨道在八面体场中的能级分裂

仅有一个 3d 电子的配离子 $[Ti(H_2O)_6]^{3+}$，在八面体场的影响下，Ti^{3+} 的 5 个简并的 d 轨道分裂为二重简并的 $d_\gamma(e_g)$ 轨道和三重简并的 $d_\varepsilon(t_{2g})$ 轨道，d_γ 轨道和 d_ε 轨道的能量差等于分裂能 Δ_o（10 Dq）。

根据
$$E_{光}=E_{d\gamma}-E_{d_\varepsilon}=\Delta_o$$

得
$$\Delta_o= E_{光}=h\nu=\frac{hc}{\lambda}$$

式中，h 是普朗克常数，6.626×10^{-34} J·s；c 是光速，2.998×10^{8} m·s^{-1}；$E_{光}$ 是可见光光能，J；ν 是频率，s^{-1}；λ 是波长，nm。

当 Δ_o 用波数（$1/\lambda$）的单位 cm^{-1} 表示时，则有：

$$\Delta_o=\frac{1}{\lambda}\times10^{7}$$

对于多电子的过渡金属离子而言，除了配体影响 d 轨道的能级分裂外，电子-电子之间的相互作用也会影响轨道分裂，因此轨道分裂情况要更为复杂。如本实验中的 $[Cr(H_2O)_6]^{3+}$，为 d^{3+} 组态，d 轨道被裂分为 4 组。吸收光后既存在 d-d 跃迁，也存在电子转移跃迁，在可见光区应该存在三个吸收峰，但由于强的电子吸收峰的覆盖，通常在图谱中只出现两个甚至一个吸收峰。其中能量最低的吸收峰即最大波长的吸收峰所对应的能量为分裂能 Δ_o。

【主要仪器及试剂】

7200 型分光光度计、容量瓶（50mL）、烧杯（50mL）、移液管（5mL）、洗耳球、洗瓶、胶头滴管。

$TiCl_3$ 溶液（15%）、HCl 溶液（$2mol \cdot L^{-1}$）、$CrCl_3 \cdot 6H_2O$。

【实验步骤】

1. $[Ti(H_2O)_6]^{3+}$ 溶液的配制

用移液管吸取 5.00mL 15% $TiCl_3$ 水溶液于 50mL 容量瓶中，用蒸馏水稀释至刻度，摇匀。

2. $[Cr(H_2O)_6]^{3+}$ 溶液的配制

称取约 0.3g 的 $CrCl_3 \cdot 6H_2O$ 于小烧杯中，加少量蒸馏水溶解后加热至沸腾，放置冷却室温后稀释并定容至 50mL。

3. 测定吸光度，计算晶体场分裂能

以蒸馏水为参比液，校正分光光度计。待仪器达到稳定后，在波长为 360～650nm 范围内，每 10nm 测定一次$[Ti(H_2O)_6]^{3+}$溶液的吸光度。注意在接近最大吸收波长 λ_{max} 附近，适当减小波长间隔测定吸光度（如变为 2nm）。以波长 λ 为横坐标，吸光度 A 为纵坐标作图即可得吸收曲线，从曲线中找到对应的最大吸收波长 λ_{max}。计算配合物$[Ti(H_2O)_6]^{3+}$的晶体场分裂能。

同样的方法测定$[Cr(H_2O)_6]^{3+}$的晶体场分裂能，其波长扫描范围为 480 ～ 620nm。

比较不同金属离子配合物$[Ti(H_2O)_6]^{3+}$和$[Cr(H_2O)_6]^{3+}$的晶体场分裂能的大小，并结合理论加以解释。

【思考讨论题】

1. 配合物的分裂能 Δ_o（10Dq）受哪些因素的影响？
2. 本实验测定吸收曲线时，溶液浓度的高低对测定分裂能是否有影响？

实验 23

茶叶中微量元素的鉴定与定量测定

【目的要求】

1. 了解鉴定茶叶中某些化学元素的方法。
2. 学会样品预处理技术。
3. 掌握配位滴定法测定茶叶中钙、镁含量的方法。
4. 掌握分光光度法测定茶叶中微量铁的方法。

【实验原理】

茶叶属植物类有机体，主要由C、H、N和O等元素组成，含有Fe、Al、Ca、Mg等金属元素。本实验的目的是从茶叶中定性鉴定Fe、Al、Ca、Mg等元素，并对Fe、Ca、Mg进行定量测定。

茶叶须先进行“干灰化”。所谓“干灰化”，是将试样在空气中置于敞口的蒸发皿或坩埚中加热，使有机物经氧化分解而烧成灰烬。这一方法特别适用于生物样品的预处理。灰化后，经酸溶解，即可进行定量分析。

铁、铝混合液中 Fe^{3+} 对 Al^{3+} 的鉴定有干扰，可利用 Al^{3+} 的两性，加入过量的碱使 Al^{3+} 转变为 AlO_2^{2-} 留在溶液中，Fe^{3+} 生成 $Fe(OH)_3$ 沉淀，经分离去除后，就可消除相互干扰。钙、镁混合液中，Ca^{2+}、Mg^{2+} 互不干扰，可直接鉴定，不必分离。

定性鉴定 Fe^{3+}、Al^{3+}、Ca^{2+}、Mg^{2+} 的特征反应式如下：

$$Fe^{3+} + n\text{KSCN（饱和）} \longrightarrow [Fe(SCN)_n]^{3-n}\text{（血红色）} + nK^+$$

$$Al^{3+} + \text{铝试剂} + OH^- \longrightarrow \text{红色絮状沉淀}$$

$$Mg^{2+} + \text{镁试剂} + OH^- \longrightarrow \text{天蓝色沉淀}$$

$$Ca^{2+} + C_2O_4^{2-} \xrightarrow{\text{HAc 介质}} CaC_2O_4\text{（白色沉淀）}$$

Ca、Mg含量的测定，可采用配位滴定法。在pH值10的条件下，以酸性铬蓝K-茶酚绿B（K-B）作指示剂，EDTA为标准溶液，直接滴定可测得Ca、Mg的总量。若欲测Ca、Mg各自的质量分数，可在pH值>12.5时，使 Mg^{2+} 生成氢氧化物沉淀，以钙指示剂为指示剂，用EDTA滴定得到 Ca^{2+} 的质量分数，然后用差减法即得 Mg^{2+} 的质量分数。

Fe^{3+}、Al^{3+} 的存在会干扰 Ca^{2+}、Mg^{2+} 的测定，此时，可用三乙醇胺掩蔽 Fe^{3+} 与 Al^{3+}。

茶叶中铁含量较低，可用邻二氮菲分光光度法测定。在pH值2～9的条件下，Fe^{2+} 与邻二氮菲能生成稳定的橙红色配合物，该配合物的 $\lg K_s = 21.3$，摩尔吸光系数 $\varepsilon_{508} = 1.1 \times 10^4 \text{L} \cdot \text{mol}^{-1} \cdot \text{cm}^{-1}$。在显色前，需用盐酸羟胺把 Fe^{3+} 还原为 Fe^{2+}，其反应式如下：

$$2Fe^{3+} + 2NH_2OH \cdot HCl \rightleftharpoons 2Fe^{2+} + 2H_2O + 4H^+ + N_2\uparrow + 2Cl^-$$

显色时，若溶液的酸度过高（pH<2），则反应进行较慢；若酸度太低，则 Fe^{2+} 会水

解，影响显色。

【主要仪器及试剂】

7200 型分光光度计、比色皿（3cm）、电子天平、电炉、研钵、蒸发皿、称量瓶、滤纸、漏斗、试管、离心机、点滴板、烧杯（150mL）、量筒（20mL，10mL，5 mL）、水浴锅、酸式滴定管（50mL）、锥形瓶（250mL）、容量瓶（250mL，50mL）、移液管（25mL，5mL）、吸量管（10mL）、洗瓶、胶头滴管、洗耳球、玻璃棒、表面皿。

酸性铬蓝 K-茶酚绿 B 指示剂、HCl 溶液（$6mol \cdot L^{-1}$）、HAc 溶液（$2mol \cdot L^{-1}$）、氨水（$6mol \cdot L^{-1}$）、NaOH 溶液（$6mol \cdot L^{-1}$）、$(NH_4)_2C_2O_4$ 溶液（$0.25mol \cdot L^{-1}$）、EDTA 溶液（$0.01mol \cdot L^{-1}$，已标定）、KSCN 溶液（饱和）、铁标准溶液（$0.10g \cdot L^{-1}$）、铝试剂、镁试剂、三乙醇胺水溶液（25%）、NH_3-NH_4Cl 缓冲溶液（pH 值 10）、HAc-NaAc 缓冲溶液（pH 值 4.6）、邻二氮菲溶液（0.1%）、盐酸羟胺溶液（10%）。

【实验步骤】

1. 茶叶的灰化和试液的制备

取在 100～105℃下烘干的茶叶 7～8g，于研钵中捣成细末，转移至称量瓶中，用电子天平称取一定量的茶叶末，并记录其准确质量。

将盛有茶叶末的蒸发皿加热使茶叶完全灰化（在通风橱中进行），冷却后，加 10mL $6mol \cdot L^{-1}$ HCl 溶液于蒸发皿中，搅拌溶解（可能有少量不溶物）并将溶液完全转移至 150mL 烧杯中，加 20mL 水，再加 10mL $6mol \cdot L^{-1}$ NaOH 溶液，使产生沉淀，并置于沸水浴中加热 30min，过滤，然后洗涤烧杯和滤纸。滤液直接用 250mL 容量瓶承接，并稀释至刻度，摇匀，贴上标签，标明为 Ca^{2+}、Mg^{2+} 试液（1#），待测。

另取一个 250mL 容量瓶，置于长颈漏斗之下，用 10mL $6mol \cdot L^{-1}$ HCl 溶液重新溶解滤纸上的沉淀，并少量多次地洗涤滤纸。完毕后，稀释容量瓶中滤液至刻度线，摇匀，贴上标签，标明为 Fe^{3+}、Al^{3+} 试液（2#），待测。

2. Fe、Al、Ca、Mg 元素的鉴定

从 Ca^{2+}、Mg^{2+} 试液（1#）的容量瓶中取出 1mL 试液置于一洁净试管中，然后从试管中取 2 滴试液于点滴板上。加镁试剂 1 滴，再加 $6mol \cdot L^{-1}$ NaOH 溶液碱化，观察实验现象。

再取 2～3 滴 Ca^{2+}、Mg^{2+} 试液于另一试管中，加入 1～2 滴 $2mol \cdot L^{-1}$ HAc 溶液酸化，再加 2 滴 $0.25mol \cdot L^{-1}$ $(NH_4)_2C_2O_4$，溶液，观察实验现象。

从 Fe^{3+}、Al^{3+} 试液（2#）的容量瓶中倒出 1mL 试液于另一洁净试管中，然后从试管中取 2 滴试液于点滴板上，加 1 滴饱和 KSCN 溶液，观察实验现象。

在上述试管剩余 Fe^{3+}、Al^{3+} 试液中，加 $6mol \cdot L^{-1}$ NaOH 溶液直至白色沉淀溶解为止，离心分离，取上层清液于另一试管中，加 $6mol \cdot L^{-1}$ HAc 溶液酸化，加 3～4 滴铝试剂，放置片刻后，加 $6mol \cdot L^{-1}$ 氨水碱化，在水浴中加热，观察实验现象。

3. 茶叶中 Ca、Mg 总量的测定

从 1# 容量瓶中准确吸取 25.00mL 试液置于 250mL 锥形瓶中，加入 5mL 三乙醇胺，再加入 10mL NH_3-NH_4Cl 缓冲溶液，摇匀。加入少量 K-B 指示剂，用 EDTA 标准溶液滴定至溶液由紫红色恰好变为蓝色，即达终点。根据 EDTA 标准溶液的消耗量，可计算出茶叶

中 Ca、Mg 的总量，并以 MgO 的质量分数表示。

4. 茶叶中 Fe 含量的测量

(1) 标准曲线的绘制。用吸量管分别吸取铁标准溶液 0.00mL、1.00mL、2.00mL、3.00mL、4.00mL、5.00mL、6.00mL 于 7 个 50mL 容量瓶中，依次分别加入 5.00mL 10% 盐酸羟胺、5.00mL HAc-NaAc 缓冲溶液、5.00mL 0.1% 邻二氮菲溶液，用蒸馏水稀释至刻度，摇匀，放置 10min。以空白溶液为参比溶液，用 7200 型分光光度计在 508nm 处分别测其吸光度。以 50mL 溶液中 Fe 的含量为横坐标，相应的吸光度为纵坐标，绘制邻二氮菲合铁（Ⅱ）的标准曲线。

(2) 茶叶中 Fe 含量的测定。用吸量管从 2＃容量瓶中吸取 2.50mL 试液于 50mL 容量瓶中，依次加入 5.00mL 10%盐酸羟胺、5.00mL HAc-NaAc 缓冲溶液、5.00mL 0.1%邻二氮菲溶液，用水稀释至刻度，摇匀，放置 10min。以空白溶液为参比溶液，在 508nm 处测其吸光度，并从标准曲线上求出 50mL 溶液中 Fe 的含量，然后换算出茶叶中 Fe 的含量，以 Fe_2O_3 的质量分数表示。

附注：

1. 茶叶尽量捣碎，以利于灰化。
2. 茶叶灰化后，酸溶解速度较慢时可用小火略加热，定量转移要完全。

【思考讨论题】

1. 应如何选择灰化的温度？
2. 欲测该茶叶中 Al 的含量，应如何设计方案？
3. 为什么 pH 值 7 时，能将 Fe^{3+}、Al^{3+} 与 Ca^{2+}、Mg^{2+} 分离完全？

实验 24

硝酸钾的制备与提纯

【实验目的】

1. 了解利用各种易溶盐在不同温度时溶解度的差异来制备易溶盐的原理和方法。
2. 学习结晶和重结晶的一般原理和操作方法。
3. 掌握减压过滤（包括热过滤）的基本操作。

【实验原理】

$$NaNO_3 + KCl = NaCl + KNO_3$$

$NaNO_3$ 和 KCl 的混合溶液中，同时存在 Na^+、K^+、Cl^- 和 NO_3^- 四种离子。由它组成的四种盐在不同温度下的溶解度不同（表 24-1）。

表 24-1　四种盐在不同温度下的溶解度　单位：$g \cdot (100g\ H_2O)^{-1}$

无机盐	温度/℃				
	0	20	40	70	100
KNO_3	13.3	31.6	63.9	138.0	246.0
KCl	27.6	34.0	40.0	48.3	56.7
$NaNO_3$	73.0	88.0	104.0	136.0	180.0
NaCl	35.7	36.0	36.6	37.8	39.8

在 20℃时，除硝酸钠以外，其它三种盐的溶解度都差不多，因此不能使硝酸钾晶体析出。但是随着温度的升高，氯化钠的溶解度几乎没有多大改变，而硝酸钾的溶解度却增大得很快。因此只要把硝酸钠和氯化钾的混合溶液加热，在高温时氯化钠的溶解度小，趁热把它滤去，然后冷却滤液，因硝酸钾的溶解度急剧下降会析出硝酸钾晶体。

在初次结晶中一般混有一些可溶性杂质，为了进一步除去这些杂质，可采用重结晶方法进行提纯。

【主要仪器及试剂】

仪器：水循环真空泵、热滤漏斗、烧杯（50mL，100mL）、量筒（10mL，100mL）、抽滤瓶、布氏漏斗、试管、酒精灯、试管架、漏斗架、石棉网、玻璃棒、玻璃铅笔、火柴、称量纸、定性滤纸。

试剂：$NaNO_3$(AR)、饱和 KNO_3 溶液、$AgNO_3$ 溶液（0.1mol·L^{-1}）。

【实验步骤】

1. 硝酸钾的制备

在 50mL 烧杯中加入 8.5g $NaNO_3$ 和 7.5g KCl，再加入 15mL 蒸馏水，在烧杯外壁沿液面处作一记号。将烧杯放在石棉网上，用小火加热、搅拌，使其溶解，再继续加热蒸发至原体积的 2/3，这时烧杯内开始有较多晶体析出（思考是什么晶体）。趁热减压过滤，滤液中很快出现晶体（思考是什么晶体）。

另取 8mL 热沸的蒸馏水加入抽滤瓶中，使结晶重新溶解，并将溶液转移至烧杯中缓缓加热，蒸发至原有体积的 3/4，静置、冷却（可用冷水浴冷却），待结晶重新析出，再进行减压过滤。用饱和 KNO_3 溶液滴洗两遍，将晶体抽干、称量、计算实际产率。

2. 硝酸钾的提纯

按质量比为 $m(KNO_3):m(H_2O)=2:1$ 的比例，将粗产品溶于所需蒸馏水中，加热并搅拌，使溶液刚刚沸腾即停止加热（此时，若晶体尚未溶解完，可加适量蒸馏水使其刚好溶解完）。冷却到室温后抽滤，并用滴管将饱和 KNO_3 溶液 4～6mL 逐滴加于晶体的各部位洗涤、抽干、称量，计算产率。

3. 产品纯度的检验

取少许粗产品和重结晶后所得 KNO_3 晶体分别置于两支试管，用蒸馏水配成溶液，然后各滴 2 滴 $0.1mol\cdot L^{-1}$ $AgNO_3$ 溶液，观察现象，并作出结论。

【思考讨论题】

1. 产品的主要杂质是什么？
2. 能否将除去氯化钠后的滤液直接冷却制取硝酸钾？
3. 考虑在母液中留有硝酸钾，粗略计算本实验实际得到的最高产量。

实验 25

胶体与吸附

【实验目的】

1. 掌握用水解法制备氢氧化铁溶胶的原理和方法。
2. 了解溶胶的稳定性和高分子化合物溶液对溶胶的保护作用。
3. 了解乳浊液的制备方法。

【实验原理】

胶体是由直径为 1～100nm 的分散相粒子分散在分散剂中构成的多相体系。肉眼和普通显微镜看不见胶体中的粒子，整个体系是透明的。如分散相为难溶的固体，分散剂为液体，形成的胶体称为憎液溶胶。

溶胶可由两个途径获得：（1）凝聚法（采用化学反应）；（2）分散法。本实验中的 $Fe(OH)_3$ 溶胶由 $FeCl_3$ 水解反应制得。

胶体粒子表面具有电荷及水膜，是动力学稳定体系，但由于胶体的高度分散性，从热力学的角度看又是不稳定体系，若胶粒表面的电荷及水膜被除去，溶胶将发生聚沉。例如，向溶液中加入电解质，反离子将中和胶粒电荷而使之聚沉；若两种带相反电荷的溶胶相混合，电荷相互中和而彼此聚沉；加热会使粒子运动加剧，克服相互间的电荷斥力而聚沉。然而，若在加入电解质之前于溶胶中加入适量的高分子溶液，胶粒会受到保护而免于聚沉。

溶胶的聚沉溶解过程是不可逆的，而高分子化合物的沉淀溶解却是可逆的。

胶体粒子表面与固体表面一样具有吸附性。吸附是一种物质自动地集中到另一种物质表面的过程。固体表面可以吸附分子，也可以吸附离子。常见的有固体在溶液中的分子吸附与离子交换吸附。分子吸附是吸附剂对非电解质或弱电解质分子的吸附，整个分子被吸附在吸附剂表面上；吸附剂自溶液中吸附某种离子的同时，有相等电量的相同电荷符号的另一种离子从吸附剂转移到溶液中，这类吸附称为离子交换吸附。

某些性质相似的成分，利用化学方法很难使它们彼此分离。使含有这些成分的溶液通过某种吸附剂（例如 Al_2O_3、硅胶、$CaCO_3$ 等），由于吸附剂对它们的吸附能力不同，这些成分就被吸附在吸附剂的不同部位，通过处理可使这些成分彼此分离。

乳状液是粗分散系，由两种互不相溶的液体组成。一般可用分散法制备，即将一种液体分散到另一种液体中振荡，可暂时形成乳状液，但这样获得的乳状液不稳定，欲使其稳定，必须加入适当的乳化剂，乳化剂通常是一种表面活性物质，如肥皂等。

【主要仪器及试剂】

仪器：台秤、小试管（10 支）、大试管（2 支）、烧杯（100mL，2 个）、酒精灯（10mL 1 个）、小吸管（2 支）、试管架（1 个）、漏斗架（1 个）、石棉网（1 个）、量筒（5mL 1 个）、漏斗（2 个）、细玻管（1 根）、毛细管、脱脂棉。

试剂：$K_4[Fe(CN)_6]$（3mol·L^{-1}）、NH_4Cl（0.001mol·L^{-1}）、$(NH_4)_2C_2O_4$（饱和）、NaCl（0.02mol·L^{-1}，4mol·L^{-1}）、Na_2SO_4（0.01mol·L^{-1}）、$FeCl_3$（20%，0.01mol·L^{-1}）、白明胶溶液（1%）、品红溶液（0.01%）、乙醇（95%、50%）、奈斯勒试剂、活性炭、滤纸、土样、菜籽油、肥皂水、蛋白质的稀溶液、饱和硫酸铵溶液、染料混合液、（Fe^{3+}、Cu^{2+}、Co^{2+}）混合液、Al_2O_3 粉末。

【实验步骤】

1. $Fe(OH)_3$ 溶胶的制备及辨别

（1）制备 $Fe(OH)_3$ 溶胶

在小烧杯中加入 50mL 蒸馏水，盖上表面皿，用酒精灯再加热至沸，往沸水中逐滴加入 20%$FeCl_3$ 溶液 2mL，并搅拌之，继续煮沸 1～2min，观察颜色变化，写出反应式（此溶胶冷却后留作下面实验用）。

（2）$Fe(OH)_3$ 溶胶与 $FeCl_3$ 溶液的区别

取两支试管，一支试管中加入 2mL $Fe(OH)_3$ 溶胶，另一支试管中加入 1mL 0.01mol·$L^{-1}$$FeCl_3$ 及 1mL 蒸馏水（观察两支试管颜色有何不同，为什么?），再在两支试管中分别加入 1～2 滴 3mol·L^{-1} 的 $K_4[Fe(CN)_6]$溶液，观察现象，解释之。

2. 电解质对溶胶的凝聚作用

取两支试管，各加入 $Fe(OH)_3$ 溶胶 2mL，然后在一支试管中逐滴加 0.01mol·$L^{-1}$$Na_2SO_4$ 溶液，边加边摇并注意观察，直到溶胶呈现浑浊［此时 $Fe(OH)_3$ 溶胶发生明显聚沉］，记录所加滴数；在另一支试管中如上法滴加 4mol·L^{-1}NaCl 溶液（滴加过程中可用水浴微热），记录滴数。解释产生上述现象的原因。

3. 高分子溶液对胶体的保护作用

取两支试管，各加入已制备好的 $Fe(OH)_3$ 溶胶 2mL，然后在一支试管中加水 10 滴，另一支试管中加入 1%白明胶 10 滴，摇匀后各加入 0.01mol·L^{-1} Na_2SO_4 溶液 5 滴，放置片刻，观察变化是否相同，试说明原因。

4. 高分子化合物溶液的盐析

取 2mL 蛋白质（或明胶）溶液于试管中，加同体积的饱和硫酸铵溶液（约 43%），将混合液稍加振荡，析出蛋白质沉淀（呈浑浊或絮状），将 1mL 浑浊的液体倾入另一支试管中，加入 1～3mL 水振荡，蛋白质沉淀又重新溶解。

5. 分子吸附现象

取一支试管，加入 5mL 0.01%品红溶液，再加入少许活性炭，充分摇动后过滤，滤液接入一小试管中，观察其颜色。在滤纸上的活性炭中加入 3mL 乙醇冲洗；另换一支干净小试管接取滤液，观察乙醇滤液颜色有何变化，为什么?

6. 土壤保肥性能的实验

取 0.001mol·$L^{-1}$$NH_4Cl$ 溶液 2mL，加入奈斯勒试剂 2 滴，由于 NH_4^+ 与奈斯勒试剂反应而产生棕红色沉淀。

$$NH_4^+ + 2[HgI_4]^{2-} + 4OH^- \longrightarrow [Hg_2ONH_2]\downarrow(\text{红棕色}) + 7I^- + 3H_2O$$

再称取土壤 2g 左右，置于 100mL 烧杯中，加入 0.001mol·$L^{-1}$$NH_4Cl$ 溶液 4mL，用力摇动片刻后用双层滤纸过滤，将滤液置于小试管中，加入奈斯勒试剂 2 滴，观察溶液中沉淀的生成情况。与上面实验结果进行比较，说明产生差别的原因。

7. 阳离子交换吸附能力的比较

称土壤2份各2g，分别置于2个100mL烧杯中，将其中1份加入0.02mol·L^{-1} NaCl溶液5mL，另一份加入0.01mol·L^{-1} $FeCl_3$ 溶液5mL，在同样情况下同时摇动3～5min，然后分别过滤于两支小试管中，各加2～4滴饱和 $(NH_4)_2C_2O_4$ 溶液，观察哪支试管生成的沉淀较多。从实验结果可以判断土壤中被代换出来的 Ca^{2+} 多少，比较 Fe^{3+} 和 Na^+ 的代换能力。

8. 吸附分离

(1) 滤纸法

取一条滤纸（长约10cm，宽约1cm）在下端约3cm处用毛细管点样品溶液（染料混合液：品红、甲基蓝、甲基橙）呈一直径为1.5cm左右的色斑，将滤纸悬挂在盛有50%乙醇约20mL的50mL量筒中，使滤纸下端恰好浸在乙醇中（切勿将色斑浸于乙醇中），数分钟后可发现，越易被吸附的成分，随乙醇的扩散越慢，存留在滤纸下方；较难被吸附的成分随乙醇扩散快，停留在滤纸上方。

(2) 柱形法

取长约5cm的玻管，底端用脱脂棉塞好，装入 Al_2O_3 粉末（约2cm），并用玻棒压紧使吸附柱内没有空隙，然后滴 Fe^{3+}、Cu^{2+}、Co^{2+} 混合液3～4滴，稍后，观察颜色分层情况。

9. 乳状液的制备

在一个带塞的试管中，加入2滴菜籽油，再加入2mL水，塞好塞子用力摇动，当摇动停止后，油与水立即分层，加入2mL肥皂水（乳化剂），再用力摇动使之形成乳状液。

【思考讨论题】

1. 若把 $FeCl_3$ 溶液加入冷水中，能否制得 $Fe(OH)_3$ 胶体溶液？为什么？

2. 怎样使溶胶聚沉？不同电解质对溶胶的聚沉作用有何不同？

3. 什么叫吸附？什么叫离子交换吸附？试用离子交换吸附说明土壤保肥性能和供肥的作用原理。离子交换吸附在生产实践中有何意义？

实验 26
蛋壳中钙、镁含量的测定

方法一　配位滴定法

【实验原理】

鸡蛋壳的主要成分为 $CaCO_3$，其次为 $MgCO_3$、蛋白质、色素以及少量的 Fe、Al，Ca、Mg 含量的测定方法参见实验 18。

【仪器与试剂】

电子天平、烧杯（100mL）、酸式滴定管（50mL）、容量瓶（250mL）、移液管（25mL）、锥形瓶（250mL）、洗瓶、胶头滴管、洗耳球。

HCl 溶液（$6mol \cdot L^{-1}$）、乙醇（95%）、铬黑 T 指示剂、三乙醇胺水溶液（1：2）、HN_3-NH_4Cl 缓冲溶液（pH 值 10）、EDTA 溶液（$0.01mol \cdot L^{-1}$，已标定）。

【实验步骤】

准确称取一定量的蛋壳粉末，小心滴加 4～5mL $6mol \cdot L^{-1}$ HCl 溶液，微火加热至完全溶解（少量蛋白膜不溶），冷却，转移至 250mL 容量瓶，稀释至接近刻度线，若有泡沫，滴加 2～3 滴 95%乙醇，泡沫消除后，滴加水至刻度线，摇匀。

准确吸取 25.00mL 试液于 250mL 锥形瓶中，分别加 20mL 去离子水、5mL 三乙醇胺，摇匀。再加 10mL NH_3-NH_4Cl 缓冲溶液，摇匀。放入少许铬黑 T 指示剂，用 EDTA 标准溶液滴定至溶液由酒红色恰好变为纯蓝色，即达终点。根据消耗的 EDTA 溶液的体积计算 Ca^{2+}、Mg^{2+} 的总量，以 CaO 的质量分数表示。

【思考题】

1. 如何确定蛋壳粉末的称量范围？（提示：先粗略确定蛋壳粉末中 Ca、Mg 的含量，再估计蛋壳粉末的称量范围）

2. 蛋壳粉末溶解稀释时为何加 95%乙醇可以消除泡沫？

方法二　酸碱滴定法

【实验原理】

蛋壳中的 $CaCO_3$ 能与 HCl 发生以下反应：

$$CaCO_3 + 2H^+ = Ca^{2+} + CO_2 + H_2O$$

过量的酸可用 NaOH 标准溶液回滴，根据实际与 $CaCO_3$ 反应消耗的 HCl 标准溶液的体积可求得蛋壳中碳酸盐的含量，以 CaO 的质量分数表示。

【仪器与试剂】

电子天平、酸式滴定管（50mL）、碱式滴定管（50mL）、锥形瓶（250mL）、量筒（50mL）、滴定管架、洗瓶、洗耳球、试剂瓶（500mL）、烧杯（500mL）。

浓 HCl（AR）、NaOH（固体，AR）、酚酞指示剂。

【实验步骤】

准确称取三份经预处理的蛋壳 0.3g 左右（精确到 0.1mg），分别置于 3 个 250mL 锥形瓶内，用酸式滴定管逐滴加入已标定好的 HCl 标准溶液 40mL 左右（需精确读数），小火加热溶解，冷却，加 1～2 滴酚酞指示剂，以 NaOH 标准溶液回滴至粉红色。

【结果记录和处理】

按滴定分析记录格式制作表格，记录数据，计算 $x(\mathrm{CaO})$：

【思考题】

1. 蛋壳溶解时应注意什么？
2. 为什么说 $x(\mathrm{CaO})$ 表示 Ca 与 Mg 的总量？

方法三　氧化还原滴定法

【实验原理】

利用蛋壳中的 Ca^{2+} 与草酸盐形成难溶的草酸钙沉淀，将沉淀经过滤、洗涤后溶解，用 $KMnO_4$ 法测定 $C_2O_4^{2-}$ 的含量，换算出 CaO 的含量，反应如下：

$$Ca^{2+} + C_2O_4^{2-} \longrightarrow CaC_2O_4 \downarrow$$

$$CaC_2O_4 + H_2SO_4 \longrightarrow CaSO_4 + H_2C_2O_4$$

$$5H_2C_2O_4 + 2MnO_4^- + 6H^+ \longrightarrow 10CO_2 + 2Mn^{2+} + 8H_2O$$

某些金属离子（Ba^{2+}、Sr^{2+}、Mg^{2+}、Pb^{2+}、Cd^{2+} 等）与 $C_2O_4^{2-}$ 能形成沉淀，对测定 Ca^{2+} 有干扰。

【仪器与试剂】

电子天平、干燥器、称量瓶、酸式滴定管（50mL）、锥形瓶（250mL）、烧杯（250mL）、量筒（100mL，10mL）、试剂瓶（500mL）、砂芯漏斗、吸滤瓶、滤纸、水流抽气泵、洗瓶、胶头滴管、洗耳球、玻棒。

$KMnO_4$ 溶液（$0.01\mathrm{mol \cdot L^{-1}}$）、$(NH_4)_2C_2O_4$ 溶液（5%）、氨水（10%）、HCl 溶液（浓，1∶1）、H_2SO_4 溶液（$1\mathrm{mol \cdot L^{-1}}$）、甲基橙（0.2%）、$AgNO_3$ 溶液（$0.1\mathrm{mol \cdot L^{-1}}$）。

【实验步骤】

准确称取蛋壳粉末两份（每份含钙约 0.025g），分别放在 250mL 烧杯中，加 3mL 1∶1

HCl 溶液、20mL 水，加热溶解，若有不溶解的蛋白质，可过滤之。滤液置于烧杯中，然后加入 50mL 5% $(NH_4)_2C_2O_4$ 溶液，若出现沉淀，滴加浓 HCl 溶液使之溶解，然后加热至 70～80℃。加入 2～3 滴甲基橙，溶液呈红色，逐滴加入 10%氨水，不断搅拌，直至溶液变黄并有氨味逸出为止。将溶液放置陈化（或在水浴中加热 30min 陈化），沉淀经过滤、洗涤，直至无 Cl^-。将带有沉淀的滤纸铺在先前用来进行沉淀的烧杯内壁上，用 50mL 1mol·L^{-1} H_2SO_4 溶液把沉淀由滤纸洗入烧杯中，再用洗瓶吹洗 1～2 次，加水稀释至溶液体积约为 100mL，加热至 70～80℃，然后用 $KMnO_4$ 标准溶液滴定至溶液呈浅红色时把滤纸投入溶液中，继续滴加 $KMnO_4$ 溶液至浅红色，且在 30s 内不消失为止。计算蛋壳中 CaO 的质量分数。

【思考题】

1. 用 $(NH_4)_2C_2O_4$ 沉淀 Ca^{2+} 时，为什么要先在酸性溶液中加入沉淀剂，然后在 70～80℃时滴加氨水至溶液变黄，才能生成 CaC_2O_4 沉淀？

2. 为什么沉淀要洗至无 Cl^- 为止？

3. 如果将带有 CaC_2O_4 沉淀的滤纸一起投入烧杯中，以 H_2SO_4 溶液处理后再用 $KMnO_4$ 滴定，这样操作对结果有什么影响？

4. 试比较三种方法测定蛋壳中 CaO 含量的优缺点？

第3章

综合性、设计性实验

实验 27

以铁为原料制备感光液

【实验目的】

1. 掌握合成$(NH_4)_2Fe(SO_4)_2 \cdot 6H_2O$、$K_3[Fe(C_2O_4)_3] \cdot 3H_2O$的基本原理和操作技术。

2. 学习利用盐类在不同温度下溶解度的差别来制备物质的原理和方法。

3. 加深对Fe(Ⅲ)和Fe(Ⅱ)化合物性质的了解。

4. 巩固水浴加热、冷却、结晶、重结晶、洗涤、干燥等基本操作。

【实验原理】

1. $(NH_4)_2Fe(SO_4)_2 \cdot 6H_2O$的制备

以铁屑或铁粉为原料，溶于稀硫酸制得硫酸亚铁溶液，然后加入硫酸铵制得饱和溶液，经加热浓缩、冷却至室温后可得溶解度较小的硫酸亚铁铵复盐晶体。反应方程式如下：

$$Fe + H_2SO_4 \longrightarrow FeSO_4 + H_2\uparrow$$

$$FeSO_4 + (NH_4)_2SO_4 + 6H_2O \longrightarrow (NH_4)_2Fe(SO_4)_2 \cdot 6H_2O$$

2. 复盐硫酸亚铁铵的性质

复盐硫酸亚铁铵$[FeSO_4 \cdot (NH_4)_2SO_4 \cdot 6H_2O]$又称莫尔盐，是浅蓝绿色的单斜晶体。它在空气中比一般亚铁盐稳定，不易被氧化，溶于水但不溶于乙醇。硫酸铵、硫酸亚铁和硫酸亚铁铵在不同温度下的溶解度见表27-1。

3. $K_3[Fe(C_2O_4)_3] \cdot 3H_2O$的合成

以硫酸亚铁铵为原料，与草酸在酸性溶液中先制得草酸亚铁沉淀，然后再用草酸亚铁在草酸钾和草酸的存在下，以过氧化氢为氧化剂，得到铁（Ⅲ）草酸配合物。反应方程式如下：

$$(NH_4)_2Fe(SO_4)_2 \cdot 6H_2O + H_2C_2O_4 \longrightarrow FeC_2O_4 \cdot 2H_2O\downarrow + (NH_4)_2SO_4 + H_2SO_4 + 4H_2O$$

$$6FeC_2O_4 \cdot 2H_2O + 3H_2O_2 + 6K_2C_2O_4 \longrightarrow 4K_3[Fe(C_2O_4)_3] \cdot 3H_2O + 2Fe(OH)_3\downarrow$$

$$2Fe(OH)_3 + 3H_2C_2O_4 + 3K_2C_2O_4 \longrightarrow 2K_3[Fe(C_2O_4)_3] \cdot 3H_2O$$

表 27-1　$(NH_4)_2SO_4$、$FeSO_4 \cdot 7H_2O$、$(NH_4)_2Fe(SO_4)_2 \cdot 6H_2O$ 的溶解度

单位：g·（100g 水）$^{-1}$

物质	温度/℃							
	10	20	30	40	50	60	70	80
$(NH_4)_2SO_4$	73.0	75.4	78.0	81.0	—	88.0	—	95.3
$FeSO_4 \cdot 7H_2O$	20.5	26.5	39.2	40.2	48.6	—	—	—
$(NH_4)_2Fe(SO_4)_2 \cdot 6H_2O$	18.1	26.9	—	38.5	—	53.4	—	73.0

改变溶剂极性并加少量盐析剂，可析出纯的绿色单斜棱柱状三草酸合铁（Ⅲ）酸钾晶体。

盐析一般是指溶液中加入无机盐类而使溶解的物质析出的过程，如加浓$(NH_4)_2SO_4$使蛋白质凝聚的过程。

4. 复盐三草酸合铁（Ⅲ）酸钾$\{K_3[Fe(C_2O_4)_3] \cdot 3H_2O\}$的性质

复盐三草酸合铁（Ⅲ）酸钾$\{K_3[Fe(C_2O_4)_3] \cdot 3H_2O\}$是一种翠绿色的单斜晶体，298K 时，在 100g 水中的溶解度为 4.7g，110℃开始失去结晶水，230℃开始分解，见光、高温、强酸性条件下易分解，易溶于水，难溶于醇、醚、酮等有机溶剂，是制备负载型活性铁催化剂的主要原料。

5. 感光液的制备

三草酸合铁配合物具有光敏活性，在紫外线的作用下，发生光化学反应，产生二价铁，当二价铁与赤血盐相遇时产生滕氏蓝，从而显蓝色。反应方程式如下：

$$2K_3[Fe(C_2O_4)_3] \xrightarrow{h\nu} 2FeC_2O_4 + 2CO_2\uparrow + 3K_2C_2O_4$$

$$K_3[Fe(CN)_6] + FeC_2O_4 \longrightarrow KFe[Fe(CN)_6]\text{(滕氏蓝)} + K_2C_2O_4$$

【主要仪器及试剂】

仪器：托盘天平、抽滤装置（水泵，布氏漏斗，抽滤瓶）、烧杯（500mL，250mL，100mL）、水浴锅、表面皿、温度计（0～200℃）。

试剂：铁粉、H_2SO_4（$3.0mol \cdot L^{-1}$，$1.0mol \cdot L^{-1}$）、$(NH_4)_2SO_4$、$(NH_4)_2Fe(SO_4)_2 \cdot 6H_2O$、$H_2C_2O_4$（饱和）、$K_2C_2O_4$（饱和）、$H_2O_2$（3%）、$KNO_3$（$300.0g \cdot L^{-1}$）、乙醇（95%）、$K_3[Fe(CN)_6]$（5%）。

【实验步骤】

1. 硫酸亚铁铵的制备

称取 3.0g 铁粉，放入锥形瓶中，加入 20.0mL $3.0mol \cdot L^{-1}$ H_2SO_4，置于 70～80℃水浴中加热反应，反应装置应靠近通风口。反应过程中，适当补充被蒸发掉的水分，尽可能维持原有液面刻度水平。当反应基本完全时，趁热过滤。滤液转移至蒸发皿中。观察滤纸上残渣的颜色、状态，烘干称量，大致估算反应掉的铁粉量。

量取配制好的饱和硫酸铵溶液在蒸发皿中搅拌均匀后水浴加热浓缩。蒸发浓缩至液面出现晶膜为止（浓缩开始时可适当搅拌，后期不宜搅拌）。取出蒸发皿静置，冷却后减压抽滤。用少量的乙醇洗涤硫酸亚铁铵晶体两次，取出，干燥，称量。

2. 草酸亚铁的制备

称取 5.0g 硫酸亚铁铵固体放在 250mL 烧杯中，然后加 15.0mL 蒸馏水和 5～6 滴 1.0mol·L^{-1} H_2SO_4，加热溶解后，再加入 25.0mL 饱和草酸溶液，加热搅拌至沸，然后迅速搅拌片刻，防止飞溅。停止加热，静置。待黄色晶体 $FeC_2O_4 \cdot 2H_2O$ 沉淀后倾析，弃去上层清液，加入 20.0mL 蒸馏水洗涤晶体，搅拌并温热，静置，弃去上层清液，即得黄色晶体草酸亚铁。

3. 三草酸合铁（Ⅲ）酸钾的制备

往草酸亚铁沉淀中，加入饱和 $K_2C_2O_4$ 溶液 10.0mL，水浴 40℃加热，恒温下慢慢滴加 3% H_2O_2 溶液 20.0mL，边加边搅拌，沉淀转为深棕色。加完后将溶液加热至沸，然后趁热逐滴加入 20.0mL 饱和草酸溶液，沉淀立即溶解，溶液转为绿色。趁热抽滤，滤液转入 100mL 烧杯中，加入 95%乙醇 25.0mL，混匀后冷却，可以看到烧杯底部有晶体析出。为了加快结晶速度，可往其中滴加几滴 KNO_3 溶液。晶体完全析出后，抽滤，用 95%乙醇 10.0mL 分多次淋洗滤饼，抽干混合液。固体产品置于一表面皿上，置暗处晾干。称重，计算三草酸合铁（Ⅲ）酸钾的产率。

4. 感光液的制备

将 0.5g 三草酸合铁（Ⅲ）酸钾溶于 5.0mL 蒸馏水中，滴加 5 滴 $K_3[Fe(CN)_6]$（5%），搅拌均匀后，用玻璃棒蘸取溶液在纸面上写字，在日光下观察字迹颜色变化。

【思考讨论题】

1. 能否直接用三价铁（如 $FeCl_3$ 等）制备三草酸合铁（Ⅲ）酸钾？
2. 为什么在滴加 H_2O_2 过程中需要控制温度？
3. 滴加 KNO_3 溶液起到什么作用？
4. 最后能否在析晶之前适当浓缩溶液？
5. 铁粉与 3.0mol·L^{-1} H_2SO_4 加热反应时为什么会产生臭鸡蛋气味？
6. 实验中为什么保持硫酸亚铁、硫酸亚铁铵溶液呈较强的酸性？

实验 28

胃舒平（复方氢氧化铝）药片中铝和镁含量的测定

【实验目的】

1. 学习药剂测定的前处理方法。
2. 学习用返滴定法测定铝的方法。
3. 掌握沉淀分离的操作方法。

【实验原理】

胃舒平主要成分为氢氧化铝、三硅酸铝及少量中药颠茄流浸膏，在制成片剂时还加了大量糊精等赋形剂。药片中 Al 和 Mg 的含量可用 EDTA 配位滴定法测定。

首先溶解样品，分离除去不溶于水的物质。然后分取试液加入过量的 EDTA 溶液，调节 pH 至 4 左右，煮沸使 EDTA 与 Al 配位完全。再以二甲酚橙为指示剂，用 Zn 标准溶液返滴过量的 EDTA，测出 Al 含量。另取试液，调节 pH 将 Al 沉淀分离后在 pH 为 10 的条件下以铬黑 T 作指示剂，用 EDTA 标准溶液滴定滤液中的 Mg。

【主要仪器及试剂】

仪器：滴定管（50mL）、容量瓶（250mL）、移液管（25mL）、锥形瓶（250mL）、烧杯（100mL）。

试剂：HCl（1∶1）、氨水（1∶1）、EDTA 标准溶液（$0.02mol \cdot L^{-1}$）、六亚甲基四胺（20%）、Zn^{2+} 标准溶液（$0.02mol \cdot L^{-1}$）、三乙醇胺（1∶2）、甲基红指示剂（0.2%乙醇溶液）、铬黑 T 指示剂（0.2%）、二甲酚橙指示剂（0.2%）、NH_3-NH_4Cl 缓冲溶液（pH=10）。

【实验步骤】

1. 样品处理

称取胃舒平药片 10 片，研细后从中称出药粉 2.0g 左右，加入 20.00mLHCl（1∶1），加蒸馏水 100mL，煮沸，冷却后过滤，并以水洗涤沉淀，收集滤液及洗涤液于 250mL 容量瓶中，稀释至刻度，摇匀。

2. 铝的测定

准确吸取上述试液 5.00mL，加水至 25.00mL 左右，滴加 1∶1 $NH_3 \cdot H_2O$ 溶液至刚出现浑浊，再加 1∶1 HCl 溶液至沉淀恰好溶解。准确加入 EDTA 标准溶液 25.00mL，再加入 10.00mL 六亚甲基四胺溶液，煮沸 10min 并冷却后，加入二甲酚橙指示剂 2～3 滴，以 Zn^{2+} 标准溶液滴定至溶液由黄色变为红色，即为终点。根据 EDTA 加入量与 Zn^{2+} 标准溶液滴定体积，计算每片药片中 $Al(OH)_3$ 的质量分数。

3. 镁的测定

吸取试液 25.00mL，滴加 1∶1 $NH_3 \cdot H_2O$ 溶液至刚出现沉淀，再加 1∶1 HCl 溶液至沉淀恰好溶解。加入 2.0g 固体 NH_4Cl，滴加六亚甲基四胺溶液至沉淀出现并过量 15.00mL。加热至 80℃，维持 10～15min，冷却后过滤。以少量蒸馏水洗涤沉淀数次，收集滤液与洗涤液于 250mL 锥形瓶中，加入三乙醇胺溶液 10.00mL、NH_3-NH_4Cl 缓冲溶液 10.00mL 及甲基红指示剂 1 滴、铬黑 T 指示剂少许，用 EDTA 标准溶液滴定至试液由暗红色转变为蓝绿色，即为终点。计算每片药片中 Mg（以 MgO 表示）的质量分数。

【数据处理】

（1）铝的测定

实验数据记入表 28-1。

表 28-1　铝的测定

项目	1	2	3
m_1(药片)/g			
m_2(药粉)/g			
V_0(试液)/mL	25.00		
V_1(Zn,标始)/mL			
V_2(Zn,标终)/mL			
V_3(Zn,标)/mL			
$w_{Al(OH)_3}$/%			
$\overline{w}_{Al(OH)_3}$/%			

（2）镁的测定

实验数据记入表 28-2。

表 28-2　镁的测定

项目	1	2	3
m_1(药片)/g			
m_2(药粉)/g			
V_0(试液)/mL	5.00		
V_1(EDTA,标)/mL	25.00		
V_2(EDTA,标始)/mL			
V_3(EDTA,标终)/mL			
V_4(EDTA,标)/mL			
w_{MgO}/%			
$\overline{w}_{MgO}$/%			

【注意事项】

1. 为使测定结果具有代表性，应取较多样品，研细后再取部分进行分析。
2. 测定镁时加入甲基红一滴可使终点更为敏锐。

【思考讨论题】

1. 本实验为什么要称取大样后，再分取部分试液进行滴定？
2. 在分离铝后的滤液中测定镁，为什么要加三乙醇胺？

实验 29

漂白粉中有效氯含量的测定

【实验目的】

1. 掌握间接碘量法的基本原理及滴定条件。

2. 掌握测定漂白粉中有效氯含量的操作方法。

【实验原理】

碘量法是以电极反应 $I_2+2e^- \longrightarrow 2I^-$ 为基础的滴定分析方法。$\varphi^{\ominus}_{I_2/I^-}=0.535V$，所以 I_2 是中等强度的氧化剂，I^- 是中等强度的还原剂。利用 I_2 的氧化性和 I^- 的还原性进行滴定分析的方法称为碘量法。其中用 I^- 与氧化剂作用生成 I_2，再用 $Na_2S_2O_3$ 标准溶液滴定所生成的 I_2，从而间接测定氧化性物质含量的方法称为间接碘量法。间接碘量法有较广泛的应用。

漂白粉的主要成分是次氯酸钙和氯化钙。它与酸作用放出的氯气具有杀菌、消毒作用，称为有效氯。利用以下反应，可间接测定漂白粉中有效氯的含量：

$$Ca(ClO)Cl+H_2SO_4 \longrightarrow CaSO_4+Cl_2\uparrow+H_2O$$

$$Cl_2+2KI \longrightarrow 2KCl+I_2$$

$$I_2+2Na_2S_2O_3 \longrightarrow Na_2S_4O_6+2NaI$$

市售 $Na_2S_2O_3 \cdot 5H_2O$ 一般含有少量杂质（如 S、Na_2SO_4、NaCl、Na_2CO_3 等），且易风化和潮解，因此不能用直接法配成标准溶液。$Na_2S_2O_3$ 溶液不稳定，水中的 CO_2、O_2 等会与 $Na_2S_2O_3$ 反应；水中的微生物如嗜硫菌等会使 $Na_2S_2O_3$ 分解。因此配制 $Na_2S_2O_3$ 溶液时必须用新煮沸过的冷蒸馏水，这样不仅可以除去水中的 CO_2 和 O_2，还能杀死细菌。加入少量 Na_2CO_3 作稳定剂，可以使 pH 值保持在 9～10，以抑制细菌的生长。日光能促进 $Na_2S_2O_3$ 的分解，故应将 $Na_2S_2O_3$ 溶液贮存于棕色瓶中，置于避光处 7～10 天，使其分解作用充分进行后再标定。

标定 $Na_2S_2O_3$ 溶液可用碘标准溶液或基准物如 $K_2Cr_2O_7$、KIO_3、$KBrO_3$ 等。$KBrO_3$ 在酸性溶液中与过量 KI 作用生成 I_2，再用 $Na_2S_2O_3$ 溶液滴定 I_2。由基准物质 $KBrO_3$ 的质量和滴定所消耗的 $Na_2S_2O_3$ 溶液的体积，即可算出 $Na_2S_2O_3$ 溶液的准确浓度。标定后的 $Na_2S_2O_3$ 溶液不宜长期保存，在使用一段时间后应重新标定。如果发现溶液变浑则表示有单质 S 析出，应弃去重新配制。反应方程式如下：

$$BrO_3^-+6I^-+6H^+ \longrightarrow Br^-+3I_2+3H_2O$$

$$I_2+2S_2O_3^{2-} \longrightarrow S_4O_6^{2-}+2I^-$$

【主要仪器及试剂】

仪器：台秤、电子天平（0.1mg）、称量瓶、烧杯（200mL）、容量瓶（50mL）、带塞锥形瓶（50mL）、量筒（10mL）、棕色试剂瓶（500mL）、吸量管（5mL）、微型滴定管、多用滴管、洗耳球。

试剂：$Na_2S_2O_3 \cdot 5H_2O$、Na_2CO_3、$KBrO_3$、KI 溶液（20%）、H_2SO_4 溶液（$3.0mol \cdot L^{-1}$）、淀粉溶液（1%）、漂白粉、$K_2Cr_2O_7$。

【实验步骤】

1. 配制 $Na_2S_2O_3$ 溶液

用台秤称取 13.0g $Na_2S_2O_3 \cdot 5H_2O$ 和 0.1g Na_2CO_3，溶于 500mL 新煮沸冷却的蒸馏水中。转入棕色瓶中，放置于避光处 7～10d 后标定。

2. $Na_2S_2O_3$ 溶液的标定

在电子天平上准确称取 0.2700g $KBrO_3$，置于 250mL 烧杯中，加入蒸馏水溶解，转入 100mL 容量瓶中，用少量蒸馏水洗涤烧杯三次，洗液全部转入容量瓶中。加水至刻度线，摇匀。计算此 $KBrO_3$ 标准溶液的浓度。

移取 $KBrO_3$ 标准溶液 20.00mL，放入洁净的 250mL 碘量瓶中，依次加入 20% KI 溶液 10.0mL 和 $3.0mol \cdot L^{-1}$ H_2SO_4 溶液 10.0mL，加盖摇匀后置于暗处放 5min。加 150.0mL 蒸馏水，用待标定的 $Na_2S_2O_3$ 溶液滴定。接近终点时（溶液由深褐色变为浅黄色），加入 1%淀粉指示剂 5.0mL，溶液变蓝，继续滴定至溶液由蓝色刚好褪去即为终点，记下所用 $Na_2S_2O_3$ 溶液的体积，平行测定三次。按下式计算 $Na_2S_2O_3$ 溶液的浓度：

$$c_{Na_2S_2O_3}=\frac{m_{KBrO_3}\times 20.00\times 6/100.00}{M_{KBrO_3}\times V_{Na_2S_2O_3}}$$

已知 $M_{KBrO_3}=167g \cdot mol^{-1}$。

3. 漂白粉悬浊液的配制

用差减法准确称取漂白粉 2.000g，放入 100mL 小烧杯中，加入少量蒸馏水将漂白粉调为糊状，再加适量的蒸馏水制成悬浮液。转入 250mL 容量瓶中，用少量蒸馏水洗涤烧杯三次，洗液全部转入容量瓶中。再加蒸馏水稀释至刻度线，摇匀。

4. 漂白粉中有效氯含量的测定

用移液管迅速吸取摇匀的漂白粉悬浊液 25.00mL 于 250mL 碘量瓶中，加入 10.0mL $3.0mol \cdot L^{-1}$ H_2SO_4 溶液和 15.0mL 20% KI 溶液，加盖摇匀。放置暗处 5min 后，加入 80.0mL 蒸馏水，立即用 $Na_2S_2O_3$ 标准溶液滴定析出的 I_2，待大部分 I_2 被还原，溶液呈浅黄色时，加入 3.0mL 1%淀粉试液，溶液变蓝，继续滴定至蓝色刚好消失为止，平行测定三次。按下式计算漂白粉中有效氯的含量：

$$w_{有效氯}=\frac{c_{Na_2S_2O_3}\times V_{Na_2S_2O_3}\times M_{Cl}}{m\times 25.00/250.00}\times 100\%$$

式中，m 为漂白粉的质量。

【思考讨论题】

1. 用 $Na_2S_2O_3$ 溶液滴定 I_2 前，为什么要加水稀释溶液？

2. $Na_2S_2O_3$ 溶液的标定中，为什么要加入过量的 KI 和硫酸溶液？

3. 碘量法中，为什么淀粉指示剂要在接近终点时才能加入？

实验 30
三草酸合铁(Ⅲ)酸钾的组成分析

【实验目的】

1. 了解配合物组成分析的方法。

2. 学习用化学分析、热分析、电荷测定、磁化率测定、红外光谱等方法测定三草酸合铁（Ⅲ）酸钾的组成。

【实验原理】

三草酸合铁（Ⅲ）酸钾为绿色单斜晶体，水中溶解度：0℃时为 4.7g·（100g H_2O）$^{-1}$；100℃时为 118g·（100g H_2O）$^{-1}$。难溶于乙醇。100℃时脱去结晶水，230℃时分解。

要测定所得配合物的组成，必须综合应用各种方法，使用化学分析可以测定各组分的质量分数，从而确定化学式。

配合物中金属离子的含量一般可通过容量滴定、比色分析或原子吸收光谱法测定，本实验配合物中的铁含量采用磺基水杨酸比色法测定。

配体草酸根的含量一般采用氧化还原滴定法测定（高锰酸钾法滴定分析），也可用热分析法测定。红外光谱可定性鉴定配合物中所含有的结晶水和草酸根。用热分析法可定量测定结晶水和草酸根的含量，也可用气相色谱法测定不同温度时热分解产物中逸出气体的组分及其相对含量。

【主要仪器及试剂】

仪器：722 型分光光度计、红外光谱仪、差热天平（热分析仪）、常用玻璃仪器、电磁搅拌器。

试剂：三草酸合铁（Ⅲ）酸钾、Fe^{3+} 标准溶液（0.10mg·mL^{-1}）、氯化钾、氨水（1∶1）、磺基水杨酸（25%）、HCl 溶液（1∶1）。

【实验步骤】

1. 配合物中铁含量的测定

称取 1.9640g 三草酸合铁（Ⅲ）酸钾配合物晶体，溶于 80.0mL 水中，注入 1.0mL 盐酸（体积比 1∶1）后，在 100mL 容量瓶中稀释到刻度。准确吸取上述溶液 5.00mL 于 500mL 容量瓶中，稀释到刻度，此溶液为样品溶液。溶液须保存在暗处，以避免三草酸合铁配离子见光分解。

用吸量管分别吸取 0.00mL、2.50mL、5.00mL、10.00mL、12.50mL 铁标准溶液和 25.00mL 样品溶液于 100mL 容量瓶中，用蒸馏水稀释到约 50mL，加入 5.00mL 25%的磺基水杨酸，用 1∶1 氨水中和到溶液呈黄色，再加入 1.0mL 氨水，然后用蒸馏水稀释到刻度，摇匀。在分光光度计上，用 1cm 比色皿在 450nm 处进行比色，测定铁标准溶液和各样品溶液的吸光度。

亦可用还原剂把 Fe^{3+} 还原为 Fe^{2+}，然后用 $KMnO_4$ 标准溶液滴定 Fe^{2+}，计算出 Fe^{2+} 含量。或可选择其它合适的方法来测定铁含量。

2. 草酸根含量的测定

将制得的三草酸合铁（Ⅲ）酸钾于恒温干燥箱中 50～60℃干燥 1h，在干燥器中冷却至室温。精确称取样品约 0.1～0.15g（做两组平行实验取平均值），放入 250mL 锥形瓶中，加入 25.0mL 水和 5.0mL 1.0mol·L⁻¹ H_2SO_4，溶解后用 0.02000mol·L^{-1} $KMnO_4$ 标准溶液滴定。滴定时先滴入 8.0mL 左右的 $KMnO_4$ 标准溶液，然后加热到 343～358K（70～85℃）（不高于 358K）直至紫红色消失。再用 $KMnO_4$ 滴定热溶液，直至微红色在 30s 内不消失。记下消耗 $KMnO_4$ 标准溶液的总体积，计算三草酸合铁（Ⅲ）酸钾中草酸根的质量分数。反应方程式如下：

$$5C_2O_4^{2-}+2MnO_4^-+16H^+ \longrightarrow 10CO_2\uparrow+2Mn^{2+}+8H_2O$$

【数据处理】

1. 配合物中的铁含量测定

将分光光度法测定的实验结果记录于表 30-1。

表 30-1 配合物中铁含量的测定

编号	$V_{Fe^{3+}}$/mL	$c_{Fe^{3+}}$/μg·mL^{-1}	吸光度 A		
			1	2	平均
1	0	0			
2	2.5	2.5			
3	5.0	5.0			
4	7.5	7.5			
5	10	10			
样品	25	x			

以吸光度 A 为纵坐标，Fe^{3+} 含量为横坐标作图得一直线，即为 Fe^{3+} 的标准曲线。以样品的吸光度 A 在标准曲线上找到相应的 Fe^{3+} 含量，并计算样品中 Fe^{3+} 的含量。

2. 草酸根含量的测定

根据高锰酸钾溶液的用量计算草酸根的质量分数，实验数据记入表 30-2。

表 30-2 草酸根含量的测定

编号	$m_{样品}$/g	$V_{高锰酸钾}$/mL	$w_{C_2O_4^{2-}}$/%	$\overline{w}_{C_2O_4^{2-}}$/%
1				
2				
3				

【注意事项】

三草酸合铁（Ⅲ）酸钾是一种亮绿色晶体，易溶于水，难溶于丙酮等有机溶剂，它是光敏物质，见光分解，反应方程式如下：

$$2K_3[Fe(C_2O_4)_3] \longrightarrow 3K_2C_2O_4 + 2FeC_2O_4 + 2CO_2\uparrow$$

【思考讨论题】

1. 测定配合物中的草酸根含量还可以采取什么方法？如何实现？
2. 结晶水的含量可以采用什么方法测定？
3. 如何正确测定三草酸合铁（Ⅲ）酸钾的热分解产物？

实验 31

Co(Ⅲ)配合物的制备及其组成的确定

本阶段实验是在进行了基本实验技能训练、综合性实验技能训练的基础上，由学生按实验要求，以“临床问题”“生活中的化学问题”“科研问题”为主体内容，通过查阅有关资料和灵活运用已学的知识，拟定实验方案，确定实验条件，然后独立完成实验内容，评价实验结果，书写实验小论文。通过该层次的训练使学生综合运用知识、解决实际问题的能力得到进一步的提高，并培养学生初步具备从事科学研究的能力和创新能力。

设计性实验方案的拟定包括实验原理、实验步骤、仪器、试剂、数据记录、计算方法等。方案应切实可行，建议学生自行设计的方案经师生讨论后进行探索。

【目的要求】

1. 合成钴（Ⅲ）配合物，如二氯化一氯·五氨合钴（Ⅲ）或三氯化六氨合钴（Ⅲ）。
2. 分析和测定配合物的组成。

【实验提要】

二价钴盐较三价钴盐稳定，而大多数三价钴配合物比二价钴配合物稳定。以二价钴盐为原料通过空气或 H_2O_2 将 Co(Ⅱ) 氧化为 Co(Ⅲ) 可得到三价钴的配合物。

以氨为配位剂，在不同条件下，可合成多种钴的氨配合物，如三氯化六氨合钴（Ⅲ）$[Co(NH_3)_6]Cl_3$（橙黄色晶体）、二氯化一氯·五氨合钴（Ⅲ）$[Co(NH_3)_5Cl]Cl_2$（紫红色晶体）和三氯化五氨·一水合钴（Ⅲ）$[Co(NH_3)_5(H_2O)]Cl_3$（砖红色晶体）。

【思考题】

1. 在合成 $[Co(NH_3)_6]Cl_3$ 的过程中，NH_4Cl、活性炭、H_2O_2 各起到什么作用？为什么要冷却后加入浓氨水？
2. $[Co(NH_3)_6]^{3+}$ 与 $[Co(NH_3)_6]^{2+}$ 比较，哪个稳定？为什么？
3. 测定配离子电荷的常用方法有哪些？
4. 要使本产品（如 $[Co(NH_3)_6]Cl_3$）合成产率高，你认为哪些步骤是比较关键的？

实验 32

果蔬中维生素 C 含量的测定

【目的要求】

1. 学习果蔬中维生素 C 含量的测定方法。
2. 查阅资料，选择测定维生素 C 的实验方法。
3. 复习和巩固滴定分析法和分光光度法。

【实验提要】

维生素 C（VC）又称为抗坏血酸，分子式为 $C_6H_8O_6$，分子量为 176.12，属于水溶性维生素。维生素 C 在医药和化学上有着非常广泛的应用。

VC 是常用的还原剂[$C_6H_6O_6/C_6H_8O_6$)=0.18V]，VC 分子中的烯二醇基可被 I_2 氧化成二酮基，故可用 I_2 标准溶液测定。

VC 在碱性介质中易被氧化，内环打开形成二酮古洛糖酸，二酮古洛糖酸可与 2,4-二硝基苯肼反应生成红色的脎，在 500nm 波长下，脎具有最大吸收，故也可用分光光度法测定。

【思考题】

1. 根据维生素 C 的性质，你能设计几种分析测试方法？
2. 维生素 C 本身是弱酸，为什么在用碘量法测定其含量时，还要加酸？

实验 33
植物中某些元素的鉴定

【目的要求】

1. 学习样品预处理的方法。

2. 学会茶叶或松枝的干叶中 Ca、Mg、Fe、Al、P 的分离、鉴定，紫菜或海带中碘的鉴定。

3. 复习和巩固所学元素及化合物的性质。

【实验提要】

植物是有机体，主要由 C、H、N、O 等元素组成，此外还含有 P、I 和某些金属元素。把植物烧成灰烬并经过一系列化学处理，即可从中分离和鉴定某些元素。

本实验要求从茶叶或松枝的干叶中检出 Ca、Mg、Fe、Al 和 P 五种元素，从紫菜或海带中检出 I 元素。元素鉴定基于如下反应：

$$Ca^{2+} + C_2O_4^{2-} \longrightarrow CaC_2O_4 \text{（白色沉淀）}$$

$$Fe^{3+} + K_4[Fe(CN)_6] \longrightarrow KFe[Fe(CN)_6]\text{（蓝色）} + 3K^+$$

$$\text{或 } Fe^{3+} + nSCN^- \longrightarrow [Fe(SCN)_n]^{3-n} \text{（血红色）（}n=1\sim6\text{）}$$

$$HPO_4^{2-} + 3NH_4^+ + 12MoO_4^{2-} + 23H^+ \longrightarrow (NH_4)_3[P(Mo_3O_{10})_4]\cdot 6H_2O\text{（黄色）} + 6H_2O$$

$$2I^- + Cl_2(Br_2) \longrightarrow I_2 + 2Cl^-(Br^-) \text{（}CCl_4\text{ 层呈玫瑰红色）}$$

$$Al^{3+} + \text{铝试剂} + OH^- \longrightarrow \text{红色絮状沉淀}$$

$$Mg^{2+} + \text{镁试剂} + OH^- \longrightarrow \text{天蓝色沉淀}$$

【思考题】

1. 应如何选择灰化的温度？

2. 如何分离和鉴定茶叶中的 P 以及海带或紫菜中的碘？

实验 34

TiO_2 纳米材料的制备与表征

【实验目的】

1. 了解 TiO_2 纳米材料制备的方法。
2. 掌握用溶胶-凝胶法制备 TiO_2 纳米材料的原理和过程。
3. 掌握表征纳米材料的标准手段和分析方法。

【实验原理】

胶体是一种分散相粒径很小的分散体系。分散相粒子的重力可以忽略，粒子之间的相互作用主要是短程作用力。溶胶（sol）是具有液体特征的胶体体系，分散的粒子是固体或者大分子，分散的粒子粒径大小在 1～100nm 之间。凝胶（gel）是具有固体特征的胶体体系，被分散的物质形成连续的网状骨架，骨架空隙中充有液体或气体，凝胶中分散相的含量很低，一般在 1%～3%之间。溶胶与凝胶的最大不同在于：溶胶具有良好的流动性，其中的胶体质点是独立的运动单位，可以自由行动；凝胶的胶体质点相互联结，在整个体系内形成网络结构，液体包在其中，凝胶流动性较差。

溶胶-凝胶法（sol-gel）是化学合成方法之一，是 20 世纪 60 年代中期发展起来的制备玻璃、陶瓷和许多固体材料的一种工艺。即将金属醇盐或无机盐经水解直接形成溶胶或经解凝形成溶胶，然后使溶质聚合凝胶化，再将凝胶干燥、焙烧去除有机成分，最后得到无机材料。现溶胶-凝胶法主要用来制备薄膜和粉体材料。

溶胶-凝胶法制备 TiO_2 通常以钛醇盐 $Ti(OR)_4$ 为原料，合成工艺为将钛醇盐溶于溶剂中形成均相溶液，逐滴加入水后，钛醇盐发生水解反应，同时发生失水和失醇缩聚反应，生成 1nm 左右粒子并形成溶胶，经陈化，溶胶形成三维网络而成凝胶，凝胶在恒温箱中加热以去除残余水分和有机溶剂，得到干凝胶，经研磨后煅烧，除去吸附的羟基和烷基基团以及物理吸附的有机溶剂和水，得到纳米 TiO_2 粉体（图 34-1）。

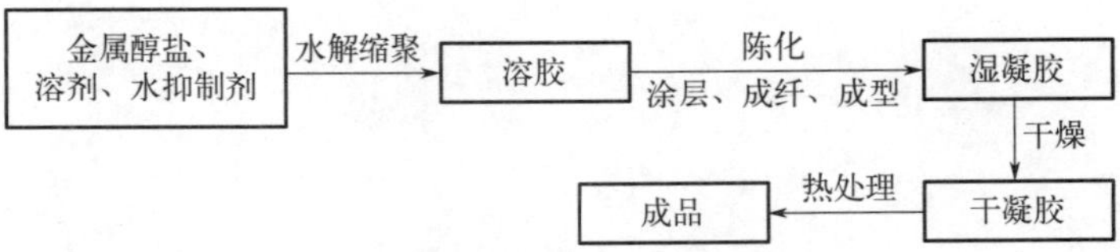

图 34-1　溶胶-凝胶法工艺流程图

本实验采用钛酸正丁酯作为合成纳米二氧化钛的原料，由于钛酸正丁酯水解速率相当快，因此控制其水解速率成为钛酸酯溶胶凝胶过程中一个至关重要的环节。通常需要对钛酸酯进行化学修饰，引入对水解相对稳定的功能性基团，有效控制金属烷氧化合物的水解，本实验中采用乙酰丙酮作修饰剂。

【主要仪器及试剂】

仪器：常用常压化学合成仪器一套、电磁搅拌器、烘箱、马弗炉、扫描电镜、X射线衍射仪。

试剂：钛酸正丁酯、无水乙醇、乙酰丙酮、硝酸。

【实验步骤】

1. 安装三口烧瓶装置、温度计和滴液漏斗，量取60mL无水乙醇置于三口烧瓶中。

2. 将30.0mL钛酸四丁酯[$Ti(OC_4H_9)_4$]装入滴液漏斗，自滴液漏斗缓慢滴加钛酸四丁酯至装有无水乙醇的三口烧瓶中，保持反应温度为65℃左右，约0.5h滴加完毕。

3. 滴加完毕后，将3.0mL乙酰丙酮装入滴液漏斗，自滴液漏斗缓慢滴加乙酰丙酮至三口烧瓶中，滴加完毕，再搅拌0.5h。

4. 将1.1mL硝酸、9.0mL去离子水、32.0mL无水乙醇预先混合，装入滴液漏斗，再缓慢加入三口烧瓶中，0.5h滴加完毕，再搅拌3h，得到二氧化钛溶胶，陈化12h。

5. 将制备的二氧化钛溶胶置于60℃真空干燥箱中干燥24h，得到二氧化钛凝胶。

6. 将制备的凝胶置于坩埚中，按照一定的升温曲线，600℃煅烧并保温2h，得到二氧化钛粉末。

7. 用扫描电镜和X射线衍射仪分析确定不同煅烧温度和时间对粉末晶体结构的影响。

【思考讨论题】

1. 请写出钛醇盐发生的水解反应、失水和失醇缩聚反应。

2. 为什么溶胶经陈化会形成三维网络而成凝胶？

实验35

固体药物常规理化常数的测定

【实验目的】

1. 了解药物常规理化性质和测定方法。
2. 熟悉常用的药物理化性质测定的仪器设备和使用方法。
3. 了解药物理化性质在药物研究、生产和使用中的意义。

【实验背景】

药物常规的理化常数有：熔点、沸点、溶解度、吸光系数、比旋度、解离常数、分配系数等，这些理化常数在药物研究、生产和使用过程中都具有十分重要的意义。药物的理化常数是药物质量研究、剂型设计的基础，掌握各种理化常数的物理意义和测定方法就显得尤为重要。

【实验步骤】

1. 查阅相关文献，特别是各国药典，了解各种常规理化常数的测定方法。
2. 根据实验室条件，设计合理可行的实验方案，与教师研究讨论。
3. 参考以下几点对实验进行设计。

（1）说明实验设计的基本框架，详细写出完整的实验方法和实验步骤。

（2）根据实验内容自行设计原始数据记录表格。

（3）评价实验设计的合理性和可行性，分析影响实验结果的因素。

（4）讨论实验中出现的问题及可能的原因，以及对实验方案改进的设想等。

【实验室提供的条件】

仪器：差热分析仪、紫外-可见分光光度计、721可见分光光度计、旋光计、熔点管、超级恒温水浴、水浴恒温振荡器、各种常用玻璃仪器。

试剂：原料药（10种以上）、各种其他常用试剂。

【实验要求】

1. 利用各种检索工具查阅相关文献，形成较为详细的文献摘录。
2. 参考相关文献，通过本人的综合思考，拟定详细的实验方案，并独立实施。
3. 对实验结果进行充分的讨论和归纳总结。

实验 36

乳状液的制备与性质

（一）实验目的

1. 了解乳状液的基本概念。

2. 掌握乳状液的制备以及性质的鉴别方法。

3. 了解乳状液的性质在药物研究和使用中的意义。

4. 培养学生独立思考、独立设计实验能力。

（二）实验背景

以乳状液作为载体可制备难溶药物的乳剂，能改善药物的溶解性，具有增加生物利用度、减少毒副作用等优点，具有很大的发展前景。在药物制剂中，乳剂是一种重要的剂型，可制成口服剂型，也可制成其它剂型，如局部透皮制剂、针剂等。

乳状液分油包水型（W/O 型）和水包油型（O/W 型）两种类型，这与形成时所添加的乳化剂性质有关。乳化剂的作用在于降低界面张力，形成一定强度的保护膜，从而使乳状液稳定。常用乳化剂包括油酸钠、失水山梨醇单油酸酯（Span）、聚氧二烯失水山梨醇单油酸酯（Tween）等表面活性剂。此外，当加入某种物质后，乳状液可以由一种类型转变为另一种类型，这种现象称为乳状液的转相。

制备乳状液时需要鉴别乳状液的类型，一般采用稀释法、电导法、染色法等。此外，有时需要将乳状液破坏掉，称之为破乳。常用的破乳方法有电解质破乳、改变乳化剂的类型破乳、破坏保护膜破乳、破坏乳化剂破乳、加热破乳、高压电破乳、离心破乳、过滤破乳等。

本设计实验要求学生自己查阅相关文献，结合实验室的实际情况，选择合适的实验方法，自主设计实验方案，独立完成实验操作和数据处理，制备并鉴别不同类型的乳状液，并以实验方法证明乳状液的转相和破乳。

（三）实验提示

1. 油相选择环己烷、苯或石油醚（60～90℃）。

2. 查阅相关文献，了解乳状液的性质和特点，了解和借鉴他人研究乳状液的方法。文献查阅时使用的关键词（供参考）：乳状液、制备、性质、转相。

3. 找到合适的方法，制备不同类型的乳状液（水包油、油包水）。

4. 至少选用三种不同方法，鉴别所制备乳状液的类型。以实验方法证明乳状液的转相和破乳。

5. 设计实验方案时，应充分注意实验室的条件。

（四）实验室提供的条件

仪器：电导仪、玻璃棒、具塞锥形瓶、具塞锥形瓶、试管、烧杯、量筒、滴定管。

试剂：冰醋酸（分析纯）、正戊醇（分析纯）、环己烷（分析纯）、苯（分析纯）、石油醚（60～90℃）、2%油酸钠水溶液、0.4%Tween-80 溶液、1% Span-80 环己烷溶液、1% Span-80 苯溶液、1%Span-80 石油醚溶液、1%苏丹Ⅲ环己烷溶液、0.5%次甲基蓝水溶液、

0.2mol·L^{-1} $CaCl_2$ 溶液。

（五）实验要求

1. 利用各种检索工具查阅相关文献并做出较为详细的摘录。
2. 参考相关文献，通过本人的综合思考，拟定详细的实验方案，并独立实施。
3. 对实验结果进行详细的归纳总结。
4. 以论文形式给出实验报告。

附录

附录 1　常用指示剂

（1）酸碱指示剂

指示剂名称	变色范围 pH 值	颜色变化	溶液配制方法
甲基紫（第一变色范围）	0.13～0.5	黄～绿	0.1%或 0.05%的水溶液
苦味酸	0.0～1.3	无色～黄	0.1%水溶液
甲基绿	0.1～2.0	黄～绿～浅蓝	0.05%水溶液
孔雀绿（第一变色范围）	0.13～2.0	黄～浅蓝～绿	0.1%水溶液
甲酚红（第一变色范围）	0.2～1.8	红～黄	0.04g 指示剂溶于 100mL 50%乙醇中
甲基紫（第二变色范围）	1.0～1.5	绿～蓝	0.1%水溶液
百里酚蓝（麝香草酚蓝）（第一变色范围）	1.2～2.8	红～黄	0.1g 指示剂溶于 100mL 20%乙醇中
甲基紫（第三变色范围）	2.0～3.0	蓝～紫	0.1%水溶液
茜素黄 R（第一变色范围）	1.9～3.3	红～黄	0.1%水溶液
二甲基黄	2.9～4.0	红～黄	0.1g 或 0.01g 指示剂溶于 100mL 90%乙醇中
甲基橙	3.1～4.4	红～橙黄	0.1%水溶液
溴酚蓝	3.0～4.6	黄～蓝	0.1g 指示剂溶于 100mL 20%乙醇中
刚果红	3.0～5.2	蓝紫～红	0.1%水溶液

指示剂名称	变色范围 pH 值	颜色变化	溶液配制方法
茜素红 S（第一变色范围）	3.7～5.2	黄～紫	0.1%水溶液
溴甲酚绿	3.8～5.4	黄～蓝	0.1g 指示剂溶于 100mL 20%乙醇中
甲基红	4.4～6.2	红～黄	0.1g 或 0.2g 指示剂溶于 100mL 60%乙醇中
溴酚红	5.0～6.8	黄～红	0.1g 或 0.04g 指示剂溶于 100mL 20%乙醇中
溴甲酚紫	5.2～6.8	黄～紫红	0.1g 指示剂溶于 100mL 20%乙醇中
溴百里酚蓝	6.0～7.6	黄～蓝	0.05g 指示剂溶于 100mL 20%乙醇中
中性红	6.8～8.0	红～亮黄	0.1g 指示剂溶于 100mL 60%乙醇中
酚红	6.8～8.0	黄～红	0.1g 指示剂溶于 100mL 20%乙醇中
甲酚红	7.2～8.8	亮黄～紫红	0.1g 指示剂溶于 100mL 50%乙醇中
百里酚蓝（麝香草酚蓝）（第三变色范围）	8.0～9.0	黄～蓝	参看第一变色范围
酚酞	8.2～10.0	无色～紫红	0.1g 指示剂溶于 100mL 60%乙醇中
百里酚酞	9.4～10.6	无色～蓝	0.1g 指示剂溶于 100mL 90%乙醇中
茜素红 S（第二变色范围）	10.0～12.0	紫～淡黄	参看第一变色范围
茜素黄 R（第二变色范围）	10.1～12.1	黄～淡紫	0.1%水溶液

（2）混合指示剂

甲基黄 300mg、甲基红 100mg、酚酞 100mg、麝香草酚蓝 500mg、溴麝香草酚蓝 400mg。将上述物质溶于 500mL 乙醇中，逐滴加入 $0.1mol \cdot L^{-1}$ NaOH 溶液，直至溶液呈橙黄色为止。

混合指示剂在不同 pH 溶液中的颜色如下所示：

pH	2	4	6	8	10
颜色	红	橙	黄	绿	蓝

（3）淀粉指示剂

称取 0.5g 可溶性淀粉于小烧杯内加少量水调成糊状，倒入 100mL 沸水中，边加边搅拌，冷却后加入 2g KI，如需久置，则加少量 HgI_2、$ZnCl_2$ 或甘油等作防腐剂。

（4）K-B 指示剂

称取 0.2g 酸性铬蓝 K、0.4g 萘酚绿 B 溶于 100mL 水中即成。简称 K-B 指示剂。由于酸性铬蓝 K 的水溶液不稳定，通常将指示剂用固体 NaCl 粉末稀释后使用（即用固体）。混合指示剂中的萘酚绿 B 在滴定过程中没有颜色的变化，只起衬托终点颜色的作用。

K-B 指示剂可测定 Ca^{2+}、Mg^{2+} 总量，也可以用于单独测定 Ca^{2+} 含量，使用方便。

附录 2　常用缓冲溶液的配制

缓冲溶液组成	pK_a	pH 值	缓冲溶液的配制方法
氨基乙酸-HCl	2.35(pK_{a1})	2.3	取 150g 氨基乙酸溶于 100mL 水中后，加 80mL 浓 HCl 溶液，稀释至 1L
H_3PO_4-枸橼酸盐		2.5	取 113g $Na_2HPO_4 \cdot 12H_2O$ 溶于 200mL 水后，加 387g 枸橼酸，溶解，过滤后，稀释至 1L
一氯乙酸-NaOH	2.86	2.8	取 200g 一氯乙酸溶于 200mL 水中，加 40g NaOH 溶解后，稀释至 1L
邻苯二甲酸氢钾-HCl	2.95(pK_{a1})	2.9	取 500g 邻苯二甲酸氢钾溶于 500mL 水中，加 80g HCl 溶解后，稀释至 1L
甲酸-NaOH	3.76	3.7	取 95g 甲酸和 40g NaOH 于 500mL 水中，溶解，稀释至 1L
NH_4Ac-HAc		4.5	取 77g NH_4Ac 溶于 200mL 水中，加 59mL 冰乙酸，稀释至 1L
NH_4Ac-HAc		5.0	取 250g NH_4Ac 溶于水中，加 25mL 冰乙酸，稀释至 1L
NH_4Ac-HAc		6.0	取 600g NH_4Ac 溶于水中，加 20mL 冰乙酸，稀释至 1L
NaAc-HAc	4.74	4.7	取 83g 无水 NaAc 溶于水中，加 60mL 冰乙酸，稀释至 1L
NaAc-HAc		5.0	取 160g 无水 NaAc 溶于水中，加 60mL 冰乙酸，稀释至 1L
六亚甲基四胺-HCl	5.15	5.4	取 40g 六亚甲基四胺溶于 200mL 水中，加 10mL 浓 HCl 溶液，稀释至 1L
NaAc-Na_2HPO_4		8.0	取 50g 无水 NaAc 和 50g $Na_2HPO_4 \cdot 12H_2O$ 溶于水中，稀释至 1L
Tris-HCl	8.21	8.2	取 25g Tris 试剂溶于水中，加 8mL 浓 HCl 溶液，稀释至 1L
NH_3-NH_4Cl	9.26	9.2	取 54g NH_4Cl 溶于水中，加 63mL 浓氨水，稀释至 1L
NH_3-NH_4Cl		9.5	取 54g NH_4Cl 溶于水中，加 126mL 浓氨水，稀释至 1L
NH_3-NH_4Cl		10.0	取 54g NH_4Cl 溶于水中，加 350mL 浓氨水，稀释至 1L

附录3 常用一级标准物质的干燥条件和应用

一级标准物质		干燥后的组成	干燥条件/℃	标定对象
名称	分子式			
碳酸氢钠	$NaHCO_3$	Na_2CO_3	270～300	酸
碳酸钠	$Na_2CO_3 \cdot 10H_2O$	Na_2CO_3	270～300	酸
硼砂	$Na_2B_4O_7 \cdot 10H_2O$	$Na_2B_4O_7 \cdot 10H_2O$	放在含 NaCl 和蔗糖饱和溶液的干燥器中	酸
碳酸氢钾	$KHCO_3$	$KHCO_3$	270～300	酸
草酸	$H_2C_2O_4 \cdot 2H_2O$	$H_2C_2O_4 \cdot 2H_2O$	室温空气干燥	碱或 $KMnO_4$
邻苯二甲酸氢钾	$KHC_8H_4O_4$	$KHC_8H_4O_4$	110～120	碱
重铬酸钾	$K_2Cr_2O_7$	$K_2Cr_2O_7$	140～150	还原剂
溴酸钾	$KBrO_3$	$KBrO_3$	130	还原剂
碘酸钾	KIO_3	KIO_3	130	还原剂
铜	Cu	Cu	室温干燥器中保存	还原剂
三氧化二砷	As_2O_3	As_2O_3	室温干燥器中保存	氧化剂
草酸钠	$Na_2C_2O_4$	$Na_2C_2O_4$	130	氧化剂
碳酸钙	$CaCO_3$	$CaCO_3$	110	EDTA
锌	Zn	Zn	室温干燥器中保存	EDTA
氧化锌	ZnO	ZnO	900～1000	EDTA
氯化钠	NaCl	NaCl	500～600	$AgNO_3$
氯化钾	KCl	KCl	500～600	$AgNO_3$
硝酸银	$AgNO_3$	$AgNO_3$	280～290	氯化物

附录4 常用试剂的配制

（1）2,4-二硝基苯肼溶液

① 在15mL浓H_2SO_4溶液中，溶解3g 2,4-二硝基苯肼。另在70mL 95%乙醇中加20mL水。然后把硫酸苯肼倒入稀乙醇溶液中，搅动混合均匀即成橙红色溶液（若有沉淀应过滤）。

② 将1.2g 2,4-二硝基苯肼溶于50mL 30%高氯酸中，配制好后储于棕色瓶中。

（2）饱和亚硫酸氢钠溶液

先配制40%亚硫酸氢钠水溶液，然后在100mL的40%亚硫酸氢钠水溶液中加入25mL不含醛的无水乙醇，溶液呈透明清亮状。

由于亚硫酸氢钠久置后易失去二氧化硫而变质，所以上述溶液也可按下法配制：将研细的碳酸钠晶体（$Na_2CO_3 \cdot 10H_2O$）与水混合，水刚好覆盖粉末。然后在混合物中通入二氧化硫气体，至碳酸钠全部溶解，或将二氧化硫通入1份碳酸钠与3份水的混合物中，至碳酸钠全部溶解，配制好后密封放置，但不可放置太久，最好是用时新配。

（3）饱和溴水

在磨口玻璃瓶内，将约50g市售的Br_2注入1L水中，在2h内经常剧烈振摇，每次振摇后，微开磨口塞，使积聚的Br_2蒸气放出。在储存瓶底部总有过量的溴。将Br_2水倒入试剂瓶时剩余的Br_2应留于储存瓶中（倾倒Br_2或Br_2水时，应在通风橱中进行，应将凡士林涂在手上或戴上橡皮手套操作，以防Br_2蒸气灼伤）。

（4）淀粉碘化钾试纸

取3g可溶性淀粉，加入25mL水，搅匀，倾入225mL沸水中，再加入1g碘化钾及1g结晶硫酸钠，用水稀释到500mL。将滤纸片（条）浸渍，取出晾干，密封备用。

（5）1%淀粉溶液

将1g可溶性淀粉溶于5mL冷蒸馏水中，用力搅成稀浆状，然后倒入94mL沸水中，即得透明胶体溶液，放冷备用。

（6）碘溶液

①将20gKI溶于100mL蒸馏水中，然后加入10g研细的碘粉，搅动使其全部溶解后溶液呈深红色；②将1g KI溶于100mL蒸馏水中，然后加入0.5gI_2，加热溶解即得红色清亮溶液。

（7）硫化钠溶液（$1mol \cdot L^{-1}$）

称取240g $Na_2S \cdot 9H_2O$、40g NaOH溶于适量水中，稀释至1L，混匀。

（8）硫化铵溶液（$3mol \cdot L^{-1}$）

将H_2S通于200mL浓氨水中直至饱和，然后再加200mL浓氨水，最后加水稀释至1L，混匀。

（9）氯化亚锡溶液（$0.25mol \cdot L^{-1}$）

称取56.4g $SnCl_2 \cdot 2H_2O$溶于100mL浓HCl溶液中，加水稀释至1L，在溶液中放几颗纯锡粒（亦可溶解于一定量的浓HCl溶液中而配制）。

（10）氯化铁溶液（$0.5mol \cdot L^{-1}$）

称取135.2g $FeCl_3 \cdot 6H_2O$溶于100mL $6mol \cdot L^{-1}$ HCl溶液中，加水稀释至1L。

(11) 三氯化铬溶液（0.1mol·L^{-1}）

称取 26.7g $CrCl_3 \cdot 6H_2O$ 溶于 30mL 6mol·L^{-1} HCl 溶液中，加水稀释至 1L。

(12) 硝酸铅溶液（0.25mol·L^{-1}）

称取 83g $Pb(NO_3)_2$：溶于少量水中，加入 15mL 6mol·L^{-1} NHO_3 溶液，用水稀释至 1L。

(13) 硫酸亚铁溶液（0.25mol·L^{-1}）

称取 69.5g $FeSO_4 \cdot 7H_2O$ 溶于适量水中，加入 5mL 18mol·L^{-1} H_2SO_4 溶液，再加水稀释至 1L，并放入小铁钉数枚。

(14) Cl_2 水（0.25mol·L^{-1}）

将 Cl_2 通入水中至饱和为止（用时临时配制）。

(15) 铬黑 T（0.5%）

铬黑 T 与固体无水 Na_2SO_4 或 NaCl 以 1∶100 的比例混合．研磨均匀，置于棕色瓶中，保存于干燥器内。

参 考 文 献

[1] 武汉大学化学与分子科学学院实验中心．无机化学实验．2版．武汉：武汉大学出版社，2012.

[2] 孙红，孙立平．基础化学实验．2版．北京：化学工业出版社，2023.

[3] 冯清．医学基础化学实验（双语版）. 武汉：华中科技大学出版社，2007.

[4] 丁琼．基础化学实验. 武汉：湖北科学技术出版社，2013.

[5] 高丽华. 基础化学实验. 北京：化学工业出版社，2004.

[6] 李金灵. 普通化学实验. 3版．北京：化学工业出版社，2020.

[7] 辛剑，孟长功. 基础化学实验. 北京：高等教育出版社，2004.

[8] 吴俊森. 大学基础化学实验. 3版．北京：化学工业出版社，2021.

[9] 郭孟萍. 基础化学实验. 2版．北京：化学工业出版社，2021.

[10] 仝克勤. 大学基础化学实验. 北京：化学工业出版社，2016.

[11] 杜登学，马万勇. 基础化学实验简明教程. 2版．北京：化学工业出版社，2021.